U0167482

中等职业教育土木水利类专业"互联网十"数字化创新教材
中等职业教育"十四五"系列教材

建筑水电安装工程识图与算量实务

庞　玲　王　颖　主　编
岳现瑞　李　伟　祝　煜　副主编
谭丽丽　主　审

中国建筑工业出版社

图书在版编目（CIP）数据

建筑水电安装工程识图与算量实务/庞玲，王颖主编．—北京：中国建筑工业出版社，2021.8（2023.12重印）
中等职业教育土木水利类专业"互联网＋"数字化创新教材　中等职业教育"十四五"系列教材
ISBN 978-7-112-26204-5

Ⅰ．①建…　Ⅱ．①庞…②王…　Ⅲ．①给排水系统-建筑制图-识图-中等专业学校-教材②给排水系统-建筑安装工程-工程造价-中等专业学校-教材③电气设备-建筑安装工程-建筑制图-识图-中等专业学校-教材④电气设备-建筑安装工程-工程造价-中等专业学校-教材　Ⅳ．①TU204.21②TU723.32

中国版本图书馆CIP数据核字（2021）第108155号

本书通过一个真实工程的建筑水电安装工程施工图的识读训练和算量训练，介绍了建筑水电安装工程施工、识图、工程算量的基本概念和专业知识，识图和算量的方法和技巧，包括建筑给水排水系统、建筑电气照明系统、建筑防雷与接地系统，每个系统都配有施工图识读的学习情境引导文，引导识读训练，算量案例演示和算量实训任务。本书是一本实训型教材，图文并茂、注重实用、重点突出，项目训练后附有大量思考训练题，可供巩固和练习。

本书既可作为职业院校土木水利类专业的实训教材，也可供工程技术人员参考使用。

本书配有数字资源，主要为微课程和习题答案，可供学习时参考，微信扫描二维码即可获得。为了更好地支持相应课程的教学，我们向采用本书作为教材的教师提供课件，有需要者可与出版社联系。建工书院：http://edu.cabplink.com，邮箱：jckj＠cabp.com.cn，2917266507＠qq.com，电话：（010）58337285。

责任编辑：聂　伟
责任校对：姜小莲

中等职业教育土木水利类专业"互联网＋"数字化创新教材
中等职业教育"十四五"系列教材
建筑水电安装工程识图与算量实务
庞　玲　王　颖　主编
岳现瑞　李　伟　祝　煜　副主编
谭丽丽　主　审

＊

中国建筑工业出版社出版、发行（北京海淀三里河路9号）
各地新华书店、建筑书店经销
霸州市顺浩图文科技发展有限公司制版
廊坊市海涛印刷有限公司印刷

＊

开本：787毫米×1092毫米　1/16　印张：18¾　插页：12　字数：364千字
2021年8月第一版　2023年12月第三次印刷
定价：**52.00**元（附数字资源及赠教师课件）
ISBN 978-7-112-26204-5
（37787）

版权所有　翻印必究
如有印装质量问题，可寄本社图书出版中心退换
（邮政编码100037）

前　言

　　本书在国家职业教育有关改革精神指导下，以职业教育人才培养的规格要求为目标，定位于综合能力与职业素养的培养，融"教、学、做"为一体。本书注重能力与基础知识融会贯通，以"基础理论够用为度"为原则，重点突出实用性。本书采用项目形式，以识图实训、算量实训为主线，融入建筑水电安装工程的施工工艺、识图规范和工程算量规范，使学生掌握建筑水电施工、工程造价工作应具备的核心知识和操作技能，为后续课程做准备，为专业工作服务。

　　本书以常见的建筑水电安装工程施工图为例，以项目教学法编排教材的内容，同时，编写团队制作了微课、教学课件以及大量习题，教材的图纸也可以电子版形式提供。

　　本书由广西城市建设学校庞玲、王颖主编，庞玲负责全书的统稿工作，广西城市建设学校岳现瑞、李伟、祝煜为副主编，参加编写的还有广西城市建设学校的谢金萍。广西城市建设学校的谭丽丽为本书主审。编写分工如下：庞玲编写项目1的任务1.2～任务1.8（除第1.2.1节、1.3.1节、1.4.1节、1.5.1节）；项目3的任务3.2；附录1～附录4。王颖编写项目1的任务1.1、第1.2.1节、1.3.1节、1.4.1节、1.5.1节；项目3的任务3.1。岳现瑞编写项目2的任务2.1和任务2.2；李伟编写项目2的任务2.3、任务2.4和任务2.6；祝煜编写项目2的任务2.5。谢金萍负责绘制部分图形。

　　限于编写时间和编写水平，书中难免存在不足和不当之处，恳请读者不吝批评指正，诚挚希望本书能为读者学习水电识图和算量带来更多的帮助。

目　录

项目 1

Chapter 01

建筑给水排水系统

项目要求

1. 了解室内给水排水系统的组成及分类；熟悉室内给水排水系统常用材料。

2. 熟悉室内给水排水系统安装的工艺要求。

3. 能识读建筑给水排水系统施工图，掌握建筑室内给水排水工程图识读方法。

4. 掌握建筑给水排水管道工程量计算，阀门、套管、卫生洁具、土方等项目的工程量计算。

项目重点　识读建筑给水排水施工图；熟练掌握给水排水工程的列项；计算建筑给水排水相关项目的工程量。

建议学时　26课时。

建议教学形式　讲授法、提问法、任务驱动法结合。

任务 1.1 建筑给水排水系统基本知识

建筑给水排水工程是给水排水工程的一个分支，也是建筑安装工程的一个分支。建筑给水排水主要研究建筑内部的给水、排水问题，保证建筑的功能及安全的一门学科。其主要分为：建筑给水系统（含冷水给水及热水给水、回水），建筑排水系统（含污水、废水、雨水），消防给水系统，中水系统等。这里主要介绍建筑给水系统及建筑排水系统。

码1-1 室内给水系统的组成

1.1.1　室内给水系统组成

1. 室内给水系统的分类

建筑内部给水系统的任务是将城镇给水管网或自备水源给水管网的水引入室内，选用适用、经济、合理的最佳供水方式，经配水管送至室内各种卫生器具、用水嘴、生产装置和消防设备，并满足用水点对水量、水压和水质的要求。建筑室内给水系统通常分为生活、生产及消防三类。

（1）生活给水系统：生活给水系统是指供各类建筑物内部饮用、烹饪、洗涤、洗浴等生活用水的系统，要求水质必须严格符合国家标准。

（2）生产给水系统：因各种生产的工艺不同，生产给水系统种类繁多，主要用于生产设备的冷却、原料和产品的洗涤、锅炉用水及某些工业原料用水等。生产用水对水质、水量、水压以及安全方面的要求由于工艺不同，差异很大。

（3）消防给水系统：消防给水系统指的是给建筑物的消防设备供水的系统。消防用水对水质要求不高，但必须按建筑防火规范保证有足够的水量与水压。

根据不同需要，有时将上述三类基本给水系统再划分，例如：生活给水系统分为饮用水系统、杂用水系统；生产给水系统分为直流给水系统、循环给水系统、复用水给水系统、软化水给水系统、纯水给水系统；消防给水系统分为消火栓给水系统、自动喷水灭火给水系统。

在实际应用中，三类给水系统一般不单独设置，而多采用共用给水系统，如生活、生产共用给水系统，生活、消防共用给水系统，生活、生产、消防共用给水系统等。

2. 室内给水系统的组成

一般情况下，建筑给水系统由引入管、水表节点、管道系统、给水附件、升压和贮水设备、室内消防设备等部分组成，如图 1-1 所示。

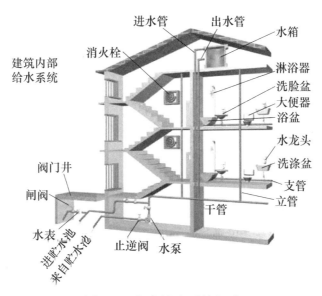

图 1-1　室内给水系统组成

（1）引入管：对一幢单独建筑物而言，给水引入管是室外供水管网引至室内的供水接入管道，也称进户管。引入管道通常采用埋地暗敷方式引入。对于一个建筑群体，引入管指总进水管，从供水的可靠性和配水平衡等方面考虑，引入管应从建筑物用水量最大处和不允许断水处引入。

（2）水表节点：水表节点是对引入管上装设的水表及其前后设置的闸门、泄水装置等的总称。水表节点包括水表及其前后设置的闸门、泄水装置及旁通管，如图 1-2 所示。闸门用以关闭管网，以便修理和拆换水表；泄水装置为检修时放空管网、检测水表精度及测定进户点压力值。水表节点形式多样，选择时应按用户用水要求及所选择的水表型号等因素确定。

（3）管道系统：管道系统包括水平干管、立管、横支管等。

（4）给水附件：给水附件包括配水附件（如各式龙头、消火栓及喷头等）

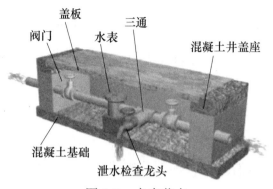

图1-2　水表节点

和调节附件（如各类阀门：闸阀、截止阀、止回阀、蝶阀和减压阀等）。

（5）升压和贮水设备：升压设备是指用于增大管内水压，使管内水流能到达相应位置，并保证有足够的流出水量、水压的设备，如图1-3所示。贮水设备具有储存水的作用，同时也有储存压力的作用，如水池、水箱及水塔等，如图1-4所示。

图1-3　升压设备

图1-4　屋顶水箱

3. 室内给水系统给水方式

码1-2 室内给水系统给水方式

根据建筑物的类型、外部供水的条件、用户对供水系统使用的要求以及工程造价不同，给水方式可分为以下几种方式：

（1）直接给水方式：该给水方式不设增压及储水设备，室内给水管网与室外给水管网直接连接，利用室外管网压力直接向室内供水，如图1-5所示。

特点：构造简单、经济、维修方便，水质不易被二次污染；但系统内无储水装置，当室外管网停水时，室内系统立即断水。

适用范围：室外管网给水压力稳定，水量、水压在任何时候均能满足用水要求的场合，一般用于多层建筑物内。

（2）单设水箱给水方式：该给水方式由室外给水管网直接供水至屋顶水箱，再由水箱向各配水点连续供水，如图1-6所示。

特点：系统简单，能充分利用室外管网压力供水，具有一定的储备水量，减轻市政管网高峰负荷；但系统设置了高位水箱后增加了建筑物的结构负荷，并给建筑物的立面处理带来一定困难。

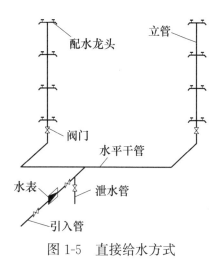

图 1-5　直接给水方式

适用范围：室外管网水压周期性不足，一天内大部分时间能满足供水需要，仅在用水高峰期不能满足室内水压要求的场合。

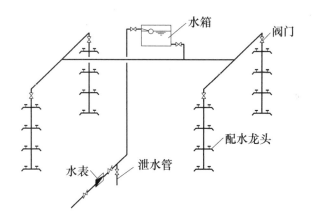

图 1-6　单设水箱供水方式

（3）单设水泵给水方式：这种给水方式是直接从市政管网抽水，用水泵加压供水的方式，如图1-7所示。注意，采用此方式供水，应征得供水部门的同意，以防外网负压。单设水泵给水方式又分为恒速泵供水和变频调速泵供水。

1）恒速泵供水：适用于室外管网压力经常不能满足要求，室内用水量大且均匀的建筑物，多用于生产给水。

2）变频调速泵供水：变频调速技术的基本原理是根据电动机转速与工作电源输入频率成正比的关系：$n=60f(1-s)/p$（式中，n、f、s、p 分别表示

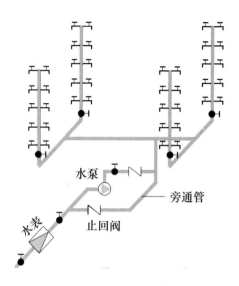

图 1-7　单设水泵给水方式

转速、输入频率、电动机转差率、电动机磁极对数），通过改变电动机工作电源频率达到改变电动机转速从而改变流量的目的。变频调速泵如图 1-8 所示。

特点：能变负荷运行，减少能量浪费，不需设调节水箱。

适用范围：室内用水量大且不均匀的场合。

变频控制柜

图 1-8　变频调速泵

（4）水泵-水箱联合给水方式：该给水方式是在建筑物的底部设储水池，将室外给水管网的水引至水池内存储，在建筑物顶部设水箱，用水泵从储水池中抽水送至水箱，再由水箱分别给各用水点供水的供水方式，如图 1-9 所示。

特点：具有供水安全可靠的优点，但系统复杂，投资及运行管理费用高，维修安装量较大。

适用范围：室外管网压力经常不足且室内用水又很不均匀，水箱充满水后，由水箱供水，一般用于高层建筑物。

（5）分区供水的给水方式：这种给水方式将建筑物分成上下两个供水区（若建筑物层数较多，可以分为两个以上的供水区域），下区直接在城市管网压力下工作，上区由水泵-水箱联合供水，如图 1-10 所示。

特点：其优点是一定程度利用外网水压，供水安全性好。缺点是设水泵、水箱增加了结构荷载，水泵还有噪声污染。

适用范围：多层（高层）建筑中，室外给水管网能提供一定的水压，满足建筑下层用水要求，这种供水方式对建筑物低层设有洗衣房、澡堂、大型餐厅和厨房等用水量大的建筑物尤其具有经济意义。

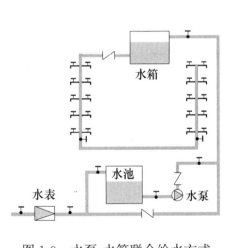

图 1-9　水泵-水箱联合给水方式

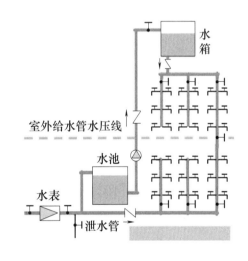

图 1-10　分区给水方式

（6）气压罐给水方式：这种给水方式适用于室外给水管网水压不足，或建筑物不宜设置高位水箱或设置水箱确有困难的情况。气压给水装置是利用密闭压力水罐内气体的可压缩性存储、调节和升压送水的给水装置，其作用相当于高位水箱或水塔，水泵从储水池吸水，经加压后送至给水系统和气压罐内；停泵时，再由气压罐向室内给水系统供水，并由气压水罐调节存储水量及控制水泵运行，如图 1-11 所示。

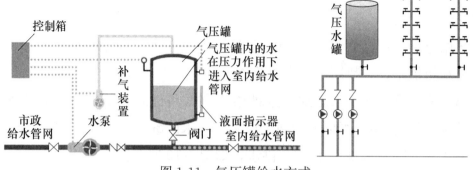

图 1-11 气压罐给水方式

1.1.2 室内排水系统组成

1. 室内排水系统的分类

（1）室内排水系统的分类

根据排水的来源及受污染程度不同，建筑内部排水系统可分为三类。

1）生活排水系统

生活排水系统是用来接纳并排除生活污水、废水的排水系统。目前我国建筑排污分流设计中是将生活污水单独排入化粪池，而生活废水则直接排入市政下水道。有时，由于污废水处理、卫生条件或杂用水的需要，把生活排水系统又进一步分为排除冲洗便器的生活污水和排除盥洗、洗涤废水的生活废水。生活废水经过处理后可作为中水，用来冲洗厕所、浇洒绿地和通路等。

2）工业废水排水系统

工业废水排水系统用来排除工业生产过程中的生产废水和生产污水。生产废水污染程度较轻，如循环冷却水等。生产污水的污染程度较重，一般需要经过处理后才能排放。

3）建筑雨水排水系统

建筑雨水排水系统用来排除屋面的雨水、雪水，一般用于大屋面的厂房及一些高层建筑雨雪水的排除。

（2）排水机制

根据污水废水在排放过程中的关系，排水机制可分为合流制和分流制两种。

1) 合流制：将污水、废水、雨水中的两种或两种以上合用一管道排出建筑物，称为合流制。该机制结构简单，工程造价低，占室内空间小，但对环境污染大。

2) 分流制：将污水、废水、雨水分别设置管道排出建筑物，称为分流制。该机制结构复杂，工程造价相对较高，但污水、废水分别处理，有利于环境保护。

(3) 排水机制的选择

建筑内部排水机制的确定，应根据污水性质、污染程度，结合建筑外部排水系统机制、有利于综合利用、中水系统的开发和污水处理要求等方面进行考虑。

1) 下列情况宜采用分流制：

① 两种污水合流后会产生有毒有害气体或其他有害物质；

② 污染物质同类，但浓度差异大；

③ 餐饮业或厨房污水中含有大量油脂；

④ 医院污水中含有大量致病菌或含有放射性元素且超过排放标准规定的浓度；

⑤ 工业废水中含有大量贵重工业原料需回收及工业废水中含有大量矿物质或有毒和有害物质，需要单独处理；

⑥ 不经处理或稍经处理后可重复利用的水量较大；

⑦ 建筑中水系统需要收集原水；

⑧ 锅炉、水加热器等加热设备排水水温超过 40℃。

2) 下列情况宜采用合流制：

① 城市有污水处理厂，生活废水不需回用；

② 生产污水和生活污水性质相同。

3) 建筑物的雨水管道应单独设置，在缺水或严重缺水地区，宜设置雨水储水池。

2. 室内污水排水系统的组成

建筑排水系统应能满足三个基本要求：第一，系统能迅速畅通地将污水废水排到室外；第二，排水管道系统内气压稳定，管道系统内的有害气体不能进入室内；第三，管线布置合理，工程造价低。因此，建

码1-3 室内污水排水系统的组成

筑内部排水系统由卫生器具或生产设备受水器、排水管道及通气管、排水附件、提升设备及污水局部处理构筑物等组成，如图1-12所示。

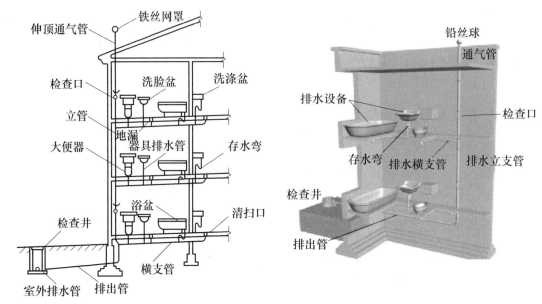

图1-12　室内排水系统

（1）卫生器具

卫生器具是用来满足日常生活和生产中各种卫生要求，收集污水废水的器具。其包括便溺器具（如大便器、小便器）、盥洗、沐浴器具（如浴盆、洗脸盆）、洗涤器具（如拖把池）等。

（2）排水管道和通气管

1）排水管道：包括器具排水管、排水横支管、排水立管、排出管。

① 器具排水管：连接卫生器具和排水横管之间的短管。

② 排水横支管：收集器具排水管送来的污水，并将污水排至立管。

③ 排水立管：汇集各层横支管排入的污水，并将污水排至排出管中。

④ 排出管：连接排水立管与室外排水检查井的管段，通常埋设在地下，坡向室外检查井。

2）通气管：把排水管道内产生的有害气体排至大气中，以免影响室内的环境卫生。通气管道形式如图1-13所示。

① 伸顶通气管：该通气管是立管最高处的检查口以上部分。

② 专用通气管：当立管设计流量大于临界流量时设置专用通气管，且每

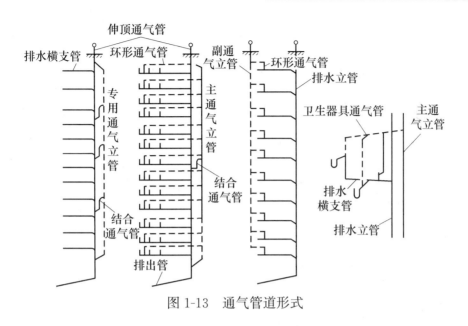

图 1-13　通气管道形式

隔两层与立管相通。

③ 结合通气管：连接排水立管与通气管的管道。

④ 安全通气管：在横支管连接卫生器具较多且管线较长时设置安全通气管。

⑤ 卫生器具通气管：该通气管设置于卫生标准及控制噪声要求高的排水系统中。

（3）排水附件

1）存水弯：存水弯是利用一定高度的静水压力来抵抗排水管内气压变化，防止管内气体进入室内的措施，是排水管道的主要附件之一，如图 1-14 所示。

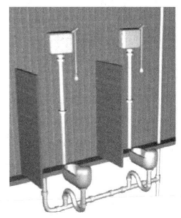

图 1-14　存水弯

常用存水弯见表1-1。构造中不具备存水弯的卫生器具和工业废水受水器与生活污水管道或其他有可能产生有害气体的排水管道相连接时，必须在排水口以下设置存水弯。有的卫生器具构造内已有存水弯（如坐式大便器）。

存水弯样式　　　　　　　　　　　　　　表1-1

名称		示意图	优缺点	适用条件
管式存水弯	P型		1. 小型； 2. 污物不易停留； 3. 在存水弯上设置通气管，是理想、安全的存水弯装置	适用于所接的排水横管标高较高的位置
	S型		1. 小型； 2. 污物不易停留； 3. 在冲洗时容易引起虹吸而破坏水封	适用于所接的排水横管标高较低的位置
	U型		1. 有碍横支管的水流； 2. 污物容易停留，一般在U形管两侧设置清扫口	适用于水平横支管

2）清通装置：清通装置包括清扫口、检查口和室内检查井，如图1-15所示。其作用是方便疏通，在排水立管和横管上都可设置。

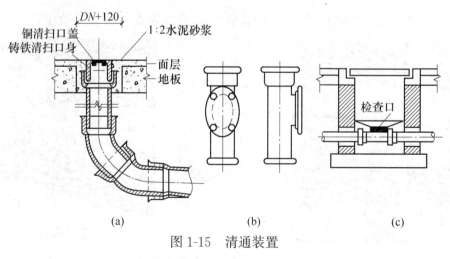

图1-15　清通装置

（a）清扫口；（b）检查口；（c）检查井

① 清扫口装设在排水横管上，当连接卫生器具较多时，横管末端应设置清扫口（有时也可用能供清掏的地漏代替），用于单向清通排水管道的维修口，如图 1-16 所示。清扫口安装不应高出地面，应与地面平齐，为了便于清掏，清扫口与墙面应保持一定距离。

图 1-16   清扫口

② 检查口是带有可开启检查盖的配件，装设在排水立管及较长水平管段上，可作检查和双向清通管道之用，如图 1-17 所示。

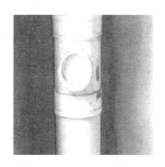

图 1-17   检查口

3）地漏：地漏属于排水装置，如图 1-18 所示，用于排除地面的积水。厕所、淋浴房及其他需要经常从地面排水的房间应设置地漏，其安装方式如图 1-19 所示。

4）伸缩节：伸缩节是补偿吸收管道轴向、横向、角向受热引起的伸缩变形。

（4）提升设备

在地下建筑物的污水废水不能自流排至室外检查井时，需设置提升设备。其包括污水泵房、集水池和排污泵。污水泵房应具有良好的通风装置，并靠近集水池，对于有安静和防振要求的房间，其邻近和下面不得设置排水泵房；集

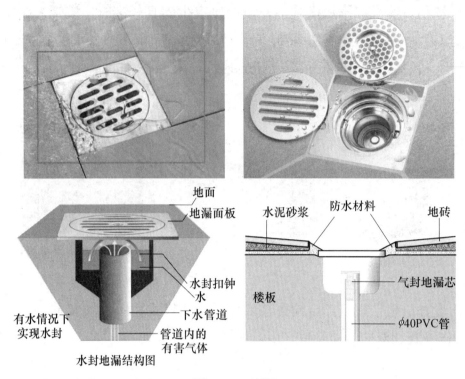

图 1-18　地漏

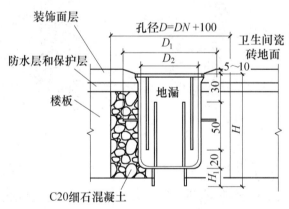

图 1-19　地漏安装示意图（单位：mm）

水池的容积不宜小于最大一台水泵 5min 的出水量；常用的排污泵有潜水泵、液下泵和卧式离心泵，如图 1-20 所示。

（5）污水局部处理构筑物

1）化粪池：化粪池是一种利用沉淀和厌氧发酵原理去除生活污水中悬浮有机物的最初级的处理构筑物。化粪池结构简单，便于管理，不消耗劳动力，造价低，但有机物去除率低，出水呈酸性，有恶臭，臭气污染空气，影响环境

图 1-20 排污泵

卫生。因此，民用建筑所排出的粪便污水必须经化粪池处理后方可排入城市排水管网，如图 1-21 所示。

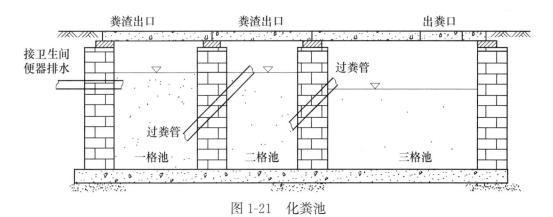

图 1-21 化粪池

2）隔油池：隔油池是防止食品加工厂、饮食业公共食堂等产生的含食用油脂较多的废油脂凝固堵塞管道，对废水进行隔油处理的装置，如图 1-22 所示。

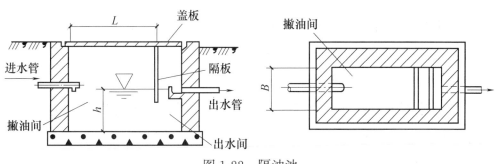

图 1-22 隔油池

3）降温池：对排水温度高于 40℃的污废水进行降温处理，防止高温影响管道使用寿命，见图1-23。

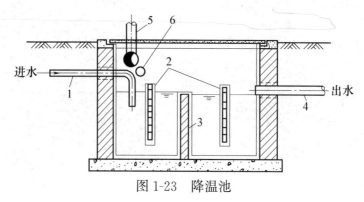

图 1-23　降温池

1—排污管；2—隔板；3—隔墙；4—排出管；5—通气管；6—冷水管

3. 屋面雨水排水系统的分类及组成

（1）屋面雨水排水系统分类

1）按雨水管道布置位置分类

① 外排水系统：指屋面不设雨水斗，建筑内部没有雨水管道的雨水排放方式。按屋面有无天沟，又可分为檐沟外排水系统和天沟外排水系统。

② 内排水系统：指屋面设有雨水斗，建筑内部设有雨水管道的雨水排放方式。内排水系统可分为单斗排水系统和多斗排水系统，敞开式内排水系统和密闭式内排水系统。

③ 混合排水系统：同一建筑物采用几种不同形式的雨水排放系统，分别设置在屋面的不同部位，组合成屋面雨水混合排水系统。

2）按管内水流情况分类

① 重力无压流雨水系统：指使用自由堰流式雨水斗的系统，设计流态是无压流态，系统的流量负荷、管道布置等忽略水流压力的作用。

② 重力半有压流雨水系统：指使用 65 型、87 型雨水斗的系统，设计流态是半有压流态，系统的流量负荷、管材、管道布置等考虑了水流压力的作用。目前我国普遍应用的就是该系统。该系统一般用于中、小型建筑。

③ 压力流雨水系统（虹吸式雨水系统）：虹吸排水系统属于压力流排水系统，由于虹吸作用产生"满管流"，使系统排水量能够满足最大的雨水量。其优点是节省管材和建筑空间。管道施工完后，要按有关规定进行试压，一般用

于大型公共建筑，如商场、展览馆、体育馆等屋面雨水排水。

（2）屋面雨水排水系统的组成

1）外排水系统的组成与分类

① 檐沟外排水系统

檐沟外排水系统由檐沟和水落管组成。一般居住建筑，屋面面积比较小的公共建筑和单跨工业建筑多采用这种方式。屋面雨水汇集到檐沟，然后流入水落管，沿水落管排放至地下管道或室外地面，如图 1-24 所示。水落管一般采用白铁皮管（镀锌铁皮管）或铸铁管，沿外墙布置，设置间距根据降雨量和管道通水能力确定，一般水落管间距为 8～16m，工业建筑可达 24m。

② 天沟外排水系统

天沟外排水系统由天沟、雨水斗和排水立管组成，如图 1-25 所示，一般用于排除大型屋面的雨、雪水，特别是多跨度的厂房屋面，多采用天沟外排水。

天沟是屋面构造上形成的排水沟，接

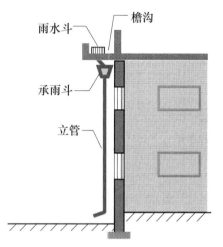

图 1-24　檐沟外排水系统

收屋面上的雨、雪水，雨、雪水沿着天沟流向建筑物的两端，然后经墙外的排水立管排放到室外地面或雨水管道。

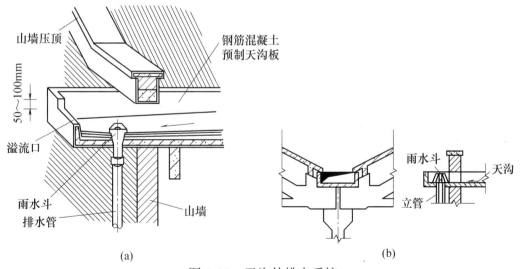

(a)　　　　　　　　　　　　　　　　　　(b)

图 1-25　天沟外排水系统

（a）天沟立体示意图；（b）天沟立面示意图

2）内排水系统的组成

内排水系统由天沟、雨水斗、连接管、悬吊管、立管、排出管、室内埋地管和检查井等组成，如图1-26所示。

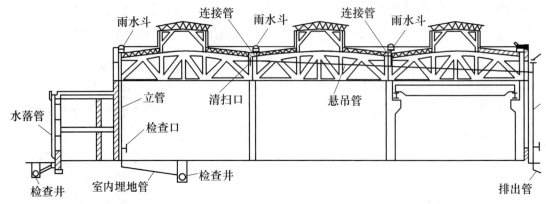

图1-26　内排水系统组成示意图

① 雨水斗：雨水斗设置在屋面，是整个雨水管道系统的进水口。目前国内常用的雨水斗有65型、79型、87型雨水斗，平篦雨水斗，虹吸式雨水斗，见图1-27。

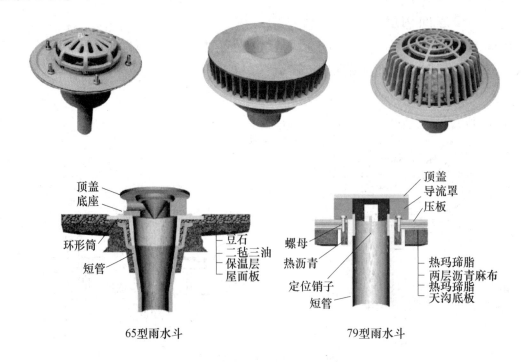

图1-27　雨水斗（一）

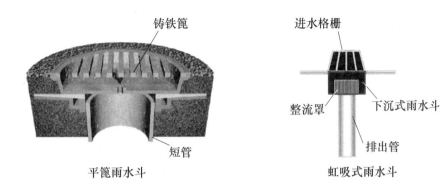

图 1-27 雨水斗（二）

② 连接管：连接雨水斗和悬吊管的短管为连接管。

③ 悬吊管：悬吊管与连接管和雨水立管连接，是雨水内排水系统中架空布置的横向管道。对于一些重要厂房，不允许室内检查井冒水，不能设置埋地横管时，必须设置悬吊管。

④ 立管：立管接纳雨水斗或悬吊管的雨水，与排出管相连。

⑤ 排出管：排出管是立管和检查井间的一段有较大坡度的横向管道，其管径不得小于立管管径。排出管与下游埋地干管在检查井中，宜采用管顶平接，水流转角不得小于 135°，如图 1-28 所示。

⑥ 埋地干管

密闭系统：一般采用悬吊管架空排至室外，不设埋地干管；

敞开系统：室内设有检查井，检查井之间的管为埋地干管。

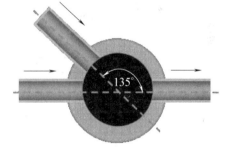

图 1-28 检查井内接管方式

⑦ 检查井：适用于敞开式内排水系统，用于埋地雨水管道的检修、清扫和排气。

1.1.3 常用卫生器具

1. 常用卫生器具

卫生器具是提供洗涤，收集排除生活、生产的污水废水的设备。为满足卫生清洁的要求，卫生器具一般采用不透水、无气孔、表面光滑、耐腐蚀、耐磨损、耐冷热、便于清扫、有一定强度的材料制造，常用的材料有陶瓷、搪瓷生铁、塑料、水磨石、复合材料等。

（1）便溺器具

1）大便器：大便器有坐式大便器、蹲式大便器和大便槽三种。坐式大便器常用于要求较高的住宅、宾馆、医院等的卫生间内，按冲洗的水力原理可分为冲洗式和虹吸式两种，坐式大便器都自带存水弯（水封），如图 1-29 所示。蹲式大便器有带存水弯和不带存水弯两种，如图 1-30 所示，不带存水弯的蹲式大便器设计安装时需另设存水弯。大便槽用于学校、火车站、汽车站等人员较多的场所，用砖或混凝土制成，表面用瓷砖或水磨石等材料建造，如图 1-31所示。

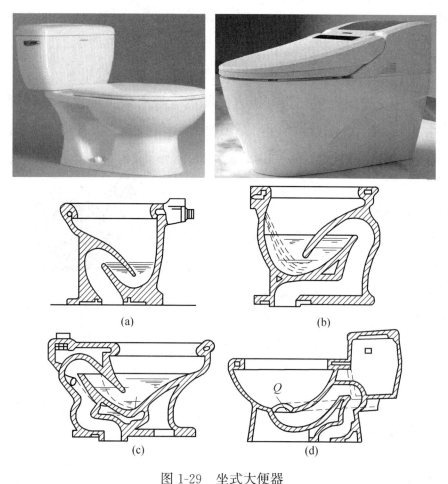

图 1-29　坐式大便器

(a) 冲洗式；(b) 虹吸式；(c) 喷射虹吸式；(d) 旋涡虹吸式

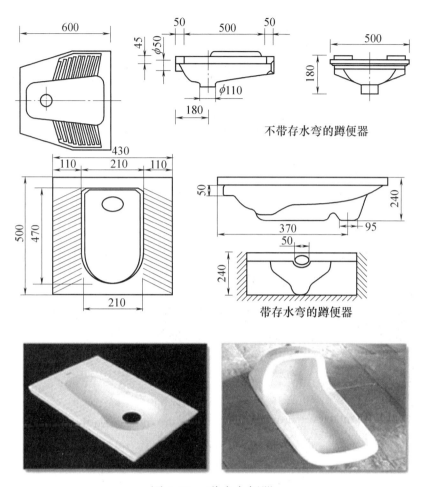

不带存水弯的蹲便器

带存水弯的蹲便器

图 1-30　蹲式大便器

图 1-31　大便槽

2）小便器：小便器设于男厕所内，有挂式、立式和小便槽三类，如图 1-32～图 1-34 所示。

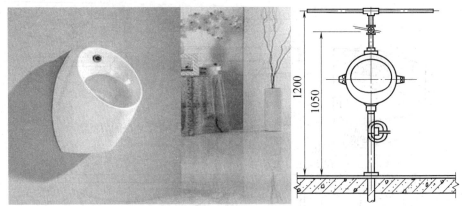

图 1-32　挂式小便器（单位：mm）

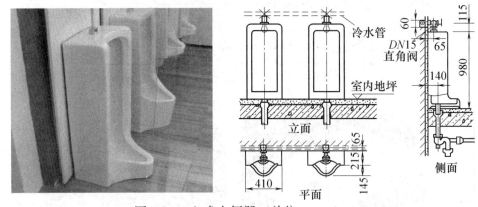

图 1-33　立式小便器（单位：mm）

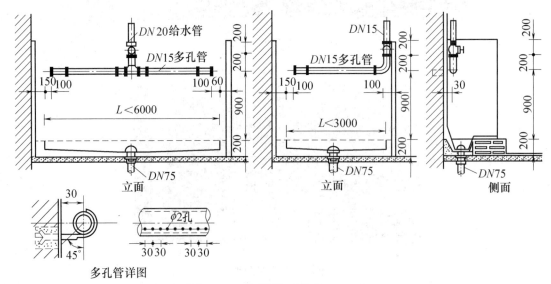

图 1-34　小便槽（单位：mm）

　　3）冲洗设备：冲洗设备是便溺器具的配套设施，其作用是以足够的水压和水量冲走便溺器具中的污物，保持器具的洁净。常用的冲洗设备有冲洗水箱和冲洗阀，如图 1-35 所示。冲洗水箱分为自动和手动两种，有高位水箱和低位水箱之分，多采用虹吸式。

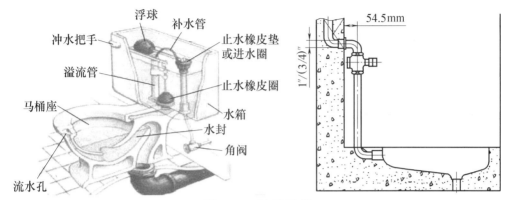

图 1-35　冲洗设备

坐式大便器常用低位水箱或直接连接管道冲洗，采用管道连接时设置延时自闭式冲洗阀；蹲式大便器常用高位水箱和直接连接管道加延时自闭式冲洗阀冲洗；大便槽常在起端设置自动控制高位水箱或采用延时自闭式冲洗阀；小便器常采用按钮式自闭式冲洗阀；小便槽常采用多孔冲洗管，多孔管孔径 2mm，与墙成 45°安装，可设置高位水箱或手动阀。

（2）盥洗、沐浴器具

1）洗脸盆：主要有台式、立式和挂式洗脸盆，如图 1-36 所示。

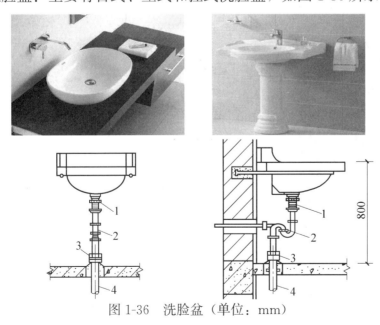

图 1-36　洗脸盆（单位：mm）

1—排水栓；2—存水弯；3—转换接头；4—排水管

2）浴盆：如图 1-37 所示。

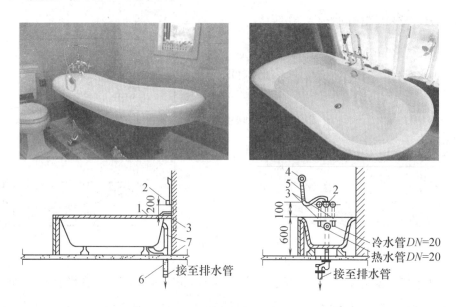

图 1-37　浴盆（单位：mm）

1—浴盆；2—混合阀门；3—给水管；4—莲蓬头；5—蛇皮管；6—存水弯；7—排水管

（3）洗涤器具

1）洗涤盆：设置在厨房或者公共食堂内，用于洗涤碗筷、蔬菜等，如图 1-38 所示。

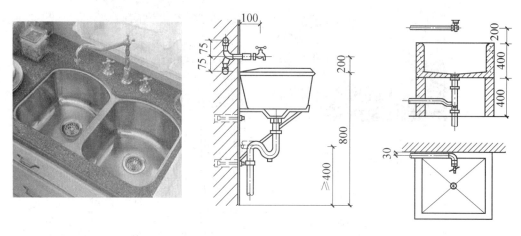

图 1-38　洗涤盆（单位：mm）

2）污水池：设置在公共建筑的厕所、盥洗室，用于洗涤拖把、打扫卫生，如图 1-39 所示。

图 1-39 污水池

2. 卫生器具的安装

卫生器具的安装可参照《全国通用给水排水标准图集》执行。

（1）卫生器具的安装工艺流程

安装准备→卫生器具及配件的检验→卫生器具及配件的预装→卫生器具稳装→卫生器具与墙、地缝隙处理→卫生器具外观检查→通水试验

（2）卫生器具安装技术要求

1）安装卫生器具的要求：平、稳、牢、准、不漏、使用方便、性能良好。

2）卫生器具的安装应采用预埋螺栓或膨胀螺栓安全固定。

3）连接卫生器具的排水管管径和最小坡度应符合设计要求。如设计无要求，应符合表 1-2 的规定。

连接卫生器具的排水管管径和最小坡度 　　　　　　　　　表 1-2

项次	卫生器具名称		排水管管径(mm)	管道最小坡度(‰)
1	污水盆		50	25
2	洗手盆、洗脸盆		32～50	20
3	浴盆		50	20
4	淋浴器			
5	饮水器		25～50	10～20
6	大便器	高低水箱	100	12
		自闭式冲洗阀		
		拉管式冲洗阀		
7	小便器	手动冲洗阀	40～50	20
		自动冲洗水箱		

注：成组洗脸盆接至共用水封的排水管的坡度为 0.01。

4）卫生器具安装高度若无设计要求时，应符合表 1-3 的规定。

卫生器具的安装高度　　　　　　　　　　　　　　　表 1-3

项次	卫生器具名称		卫生器具安装高度（mm）		备注
			住宅或公共建筑	幼儿园	
1	污水盆（池）	架空式	800	800	
		落地式	500	500	
2	洗涤盆（池）		800	800	
3	洗脸盆、洗手盆		800	500	自地面至器具上边缘
4	盥洗槽		800	500	
5	浴盆		不大于 520		
6	蹲式大便器	低水箱	900	900	自台阶面至低水箱底
7	坐式大便器	低水箱	510	370	自地面至低水箱底
8	小便器	挂式	600	450	自地面至下边缘
9	小便槽		200	150	自地面至台阶面
10	大便槽冲洗水箱		不小于 2000		自台阶面至水箱底
11	妇用卫生盆		360		自地面至器具上边缘
12	化验盆		800		自地面至器具上边缘

1.1.4　常用的管材、管件及附件

1. 管道规格的表示方法

管道规格常用的表示方法有外径、公称外径、公称直径。

（1）外径：管材外壁直径，见图 1-40。无缝钢管一般用管外径 $D\times$壁厚表示。

（2）公称外径：国家规定的外径，用 dn、de 或 De 表示，塑料管、复合管一般用公称外径表示，如塑料管 $dn20$，表示塑料管外径为 20mm。

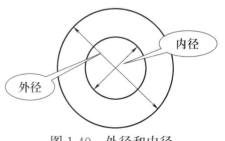

图 1-40　外径和内径

（3）公称直径：又称平均外径，公称通径，它是为了使管道、管件和阀门之间具有互换性而规定的一种通用直径，以 DN 表示，单位为 "mm"。如 $DN25$，表示该管材的公称直径为 25mm。钢管、阀门、水表一般用公称直径表示。

各种管材，公称直径不是实际意义上的管道外径或内径，只是个名义直径。但无论管材的实际内径和外径的数值是多少，只要其公称直径相同，就可用相同公称直径的管件相连接，具有通用性和互换性。

每一个公称直径对应一个外径，其内径数值随厚度不同而不同。以给水塑料管为例，其外径与公称直径的对应关系见表 1-4。

给水塑料管外径与公称直径对应关系　　　　　表 1-4

塑料管公称外径(dn)(mm)	20	25	32	40	50	63	75	90	110
公称直径(DN)(mm)	15	20	25	32	40	50	65	80	100

2. 常用管材

在给水排水工程中，常用的管材可以分为三大类：金属管材、非金属管材、复合管材，见表 1-5。

码1-4 认识常用管材

常用管材分类　　　　　　　　　　　表 1-5

管材	分类		
金属管	无缝钢管		
	焊接钢管	普通焊接钢管	
		螺旋缝屯焊钢管	
	铸铁管		
非金属管	塑料管	塑料给水管	
		塑料排水管	
	钢筋混凝土管		
复合管	钢塑复合管		
	铜塑复合管		
	铝塑复合管		
	钢骨架塑料复合管		

（1）金属管

1）无缝钢管：无缝钢管是用普通碳素钢、优质碳素钢或低合金钢用热轧或冷轧制造而成，其外观特征是纵、横向均无焊接缝，适用于需要承受较大压力的管道，如图 1-41 所示。它一般用于生产给水系统，如冷却用水、锅炉给水等，或使用在自动喷淋灭火系统的给水管道上。

无缝钢管在同一外径下往往有几种壁厚，所以其规格一般不用公称直径表示，而用管外径 $D \times$ 壁厚表示，如 $D20 \times 2.5$，表示的是外径为 20mm，壁厚

图 1-41　无缝钢管

为 2.5mm。

无缝钢管通常采用焊接连接，一般不采用螺纹连接，因其规格不是公称直径，所需的连接管件配不上。

2）焊接钢管：指用钢带或钢板弯曲变形为圆形、方形等形状后再焊接成的、表面有接缝的钢管，又称有缝钢管，如图 1-42 所示。

图 1-42　焊接钢管

焊接钢管因其焊接工艺不同而分为炉焊管、电焊（电阻焊）管和自动电弧焊管；因其焊接形式的不同分为直缝焊管和螺旋焊管两种；因其端部形状不同又分为圆形焊管和异形（方、扁等）焊管。焊接钢管按管道壁厚不同又分为一般焊接钢管和加厚焊接钢管。一般焊接钢管用于工作压力小于 1.0MPa 的管路系统中，加厚焊接钢管用于工作压力小于 1.6MPa 的管路系统中。

① 普通焊接钢管：普通焊接钢管又称水煤气管，可分为镀锌钢管（白铁管）和非镀锌钢管（黑铁管）。其适用于生活给水、消防给水、供暖系统等工作压力低和要求不高的管道系统。其规格用公称直径"DN"表示，如 $DN150$，表示公称直径为 150mm 的管。

② 螺旋缝电焊钢管：螺旋缝电焊钢管也叫螺旋钢管，采用钢板卷制、焊接而成。其规格用外径"D"表示，常用规格为 $D219\sim D720$。该管材通常用作工作压力小于等于 1.6MPa、介质温度不超过 200℃ 的直径较大的远距离输送管道。

焊接钢管一般采用焊接、螺纹连接、法兰连接和沟槽连接，镀锌钢管应避免焊接。

3）铸铁管：铸铁管由生铁制成，按材质分为灰口铁管、球墨铸铁管及高硅铁管，一般用于室外给水、排水和煤气输送管道系统，如图 1-43 所示。

铸铁管的优点是耐腐蚀、使用寿命长、价格较低，缺点是质脆、重量大、加工和安装难度大、不能承受较大的动荷载。

铸铁管以公称直径"DN"表示，如 $DN200$ 表示该管的公称直径为 200mm，工程中对于大管径的铸铁管通常仅用"D"表示，如 $DN200$ 也可写成 $D200$。

铸铁管通常采用承插口连接和法兰连接，管段之间采用承插连接，需要拆卸的管段之间和管段与设备、阀门之间采用法兰连接。

图 1-43　铸铁管

（2）非金属管

1）塑料管

塑料管一般是以合成树脂，即以聚酯为原料、加入稳定剂、润滑剂、增塑剂等，以"塑"的方法在制管机内经挤压加工而成。其主要用作房屋建筑的自来水供水系统配管、排水、排气和排污卫生管、地下排水管系统、雨水管以及电线安装配套用的穿线管等。

① 塑料给水管

硬聚氯乙烯塑料管（PVC-U管）：硬聚氯乙烯塑料管是以PVC树脂为主，加入必要的添加剂进行混合、加热挤压而成，该管材常用于输送温度不超过45℃的水。PVC-U管一般采用承插连接或弹性密封圈连接，与阀门、水表或设备连接时可采用螺纹或法兰连接，如图1-44所示。

图1-44　硬聚氯乙烯塑料管

PE塑料管：PE塑料管常用于室外埋地敷设的燃气管道和给水工程中，一般采用电熔焊、对接焊、热熔承插焊等连接方式，如图1-45所示。

图1-45　PE塑料管

工程塑料管：工程塑料管又称ABS管，是由丙烯腈-丁二烯-苯乙烯三元共聚物粒料经注射、挤压成型的热塑性塑料管，如图1-46所示。该管强度高，耐冲击，使用温度为−40～80℃。常用于建筑室内生活冷、热水供应系统及中央空调水系统中。工程塑料管常采用承插粘合连接，与阀门、水表或设备连接时可采用螺纹或法兰连接。

PP-R塑料管：PP-R塑料管是由丙烯-乙烯共聚物加入适量稳定剂，挤压成型的热塑性塑料管，如图1-47所示。其特点是

图1-46　工程塑料管（ABS管材）

耐腐蚀、不结垢、耐高温（95℃）、高压、质量轻、安装方便。该管主要应用于建筑室内生活冷、热水供应系统及中央空调水系统中。PP-R 塑料管常采用热熔连接，与阀门、水表或设备连接时可采用螺纹或法兰连接。

塑料给水管道规格常用"de"或"dn"符号表示外径。

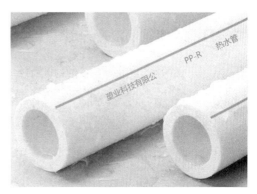

图 1-47　PP-R 塑料管

② 塑料排水管

硬聚氯乙烯塑料管（PVC-U 管）：建筑排水用塑料管是硬聚氯乙烯塑料管（PVC-U 管），具有光滑、质量轻、耐腐蚀、加工方便、便于安装等特点。PVC-U 排水管的公称外径 dn 有 40mm、50mm、75mm、110mm 和 160mm 等规格，壁厚 2～4mm。连接方式多为承插粘接。

双壁波纹管：双壁波纹管分为高密度聚乙烯（HDPE）双壁波纹管和聚氯乙烯（U-PVC）双壁波纹管，是一种用料省、刚性高、弯曲性优良、具有波纹状外壁、光滑内壁的管材，见图 1-48。其连接方式有挤压夹紧、热熔合、电熔合。

图 1-48　双壁波纹管

2）钢筋混凝土管

钢筋混凝土管分为普通的钢筋混凝土管（RCP）、自应力钢筋混凝土管（SPCP）和预应力钢筋混凝土管（PCP），见图 1-49。其特点是节省钢材，价格低廉（和金属管材比），防腐性能好，具有较好的抗渗性、耐久性，能就地取材。目前大多钢筋混凝土管管径为 100～1500mm。

图 1-49　钢筋混凝土管

（3）复合管

1）钢塑复合管：钢塑复合管由普通镀锌钢管和管件以及 ABS、PVC、PE 等工程塑料管道复合而成，如图 1-50 所示，兼有镀锌钢管和普通塑料管的优点。钢塑复合管一般采用螺纹连接。

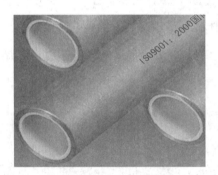

图 1-50　钢塑复合管

图 1-51　铜塑复合管

2）铜塑复合管：铜塑复合管是一种新型的给水材料，外层为热导率小的塑料，内层为稳定性极高的钢管，见图 1-51。该类型管道综合了铜管和塑料管的优点，具有良好的保温性能和耐腐蚀性能，有配套的铜质管件，连接快捷方便，但价格较高，主要用于星级宾馆的室内热水供应系统。其一般采用卡套式连接。

3）铝塑复合管：铝塑复合管是以焊接铝管为中间层，内外层均为聚乙烯塑料管道，见图 1-52，其广泛用于民用建筑室内冷、热水、空调水、供暖系统

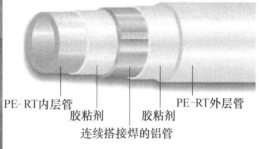

图 1-52　铝塑复合管

及室内煤气、天然气管道系统。其一般采用卡套式连接。

4）钢骨架塑料复合管：钢骨架塑料复合管是钢丝缠绕网骨架增强聚乙烯复合管的简称，它是以高强度钢丝左右缠绕成的钢丝骨架为基体，内外覆高密度 PE 制成，见图 1-53。其是解决塑料管道承压问题的最佳解决方案，具有耐冲击、耐腐蚀和内壁光滑、输送阻力小等特点。其管道连接方式一般为热熔连接。

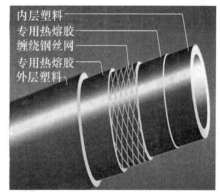

图 1-53　钢骨架塑料复合管

3. 常用管件

（1）钢管管件

1）按照在管道中的用途不同常用钢管螺纹连接管件（图 1-54）可分为：

① 延长连接管件：管箍、对丝（内接头）；

② 分之连接管件：三通、四通；

③ 转弯连接管件：90°弯头、45°弯头；

④ 节点碰头连接管件：活接头、带螺纹法兰盘；

⑤ 变径用管件：补芯（内外丝）、异径管箍（大小头）；

⑥ 堵口用管件：丝堵、管堵头。

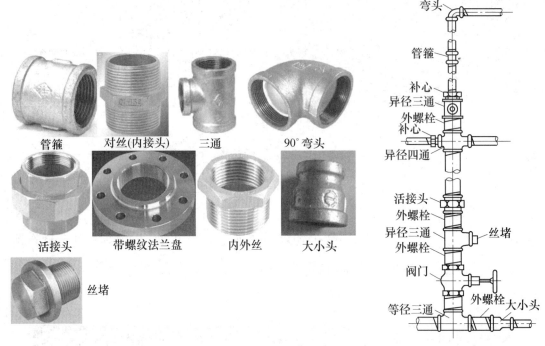

管箍 对丝(内接头) 三通 90°弯头

活接头 带螺纹法兰盘 内外丝 大小头

丝堵

弯头
管箍
补心
异径三通
外螺栓
补心
异径四通

活接头
外螺栓
异径三通 丝堵
外螺栓
阀门
等径三通 外螺栓 大小头

图 1-54 钢管螺纹连接管件

2）沟槽连接管件

沟槽连接管件分为起连接密封作用的管件，如刚性接头、挠性接头、机械三通和沟槽式法兰；起连接过渡作用的管件，如弯头、三通、四通、异径管、盲板等，如图 1-55 所示。

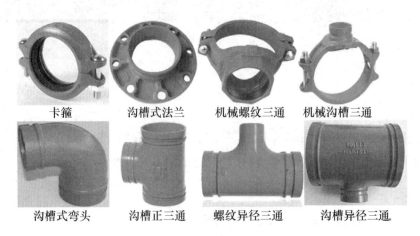

卡箍 沟槽式法兰 机械螺纹三通 机械沟槽三通

沟槽式弯头 沟槽正三通 螺纹异径三通 沟槽异径三通

图 1-55 沟槽连接管件

（2）铸铁管承插连接管件

铸铁管承插连接管件有承插渐缩管、三承三通、三承四通、双盘三通、双盘四通、90°承插弯头、45°承插弯头等，如图 1-56 所示。

承插渐缩管　　　　　三承三通　　　　　四承四通

90°双承弯头　　　　　承插弯头　　　　　盘插短管

图 1-56　铸铁管承插连接管件

（3）塑料管管件

常用塑料管管件如图 1-57 所示。

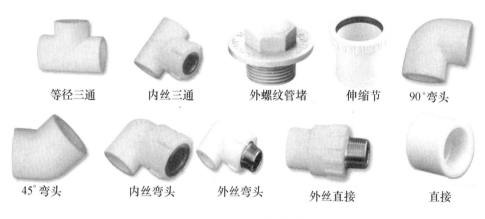

等径三通　　内丝三通　　外螺纹管堵　　伸缩节　　90°弯头

45°弯头　　内丝弯头　　外丝弯头　　外丝直接　　直接

图 1-57　塑料管管件

4. 常用附件

（1）配水附件

配水附件是装在给水支管管末，给各类卫生器具和用水设备供水的配水龙头。常用的配水龙头如图 1-58 所示。

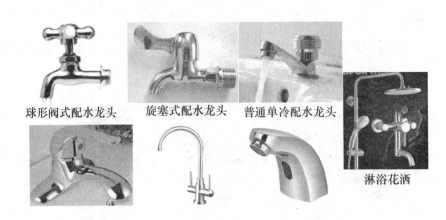

球形阀式配水龙头　旋塞式配水龙头　普通单冷配水龙头

淋浴花洒

单把冷热水配水龙头 双把冷热水配水龙头　自动感应水龙头

图1-58　各类配水龙头

码1-5 认识常用阀门

（2）控制附件

控制附件指控制水流方向，调节水量、水压以及关断水流，便于管道、仪表和设备检修的各类阀门。

1）闸阀：指关闭件（闸板）沿通路中心线的垂直方向移动的阀门，见图1-59。

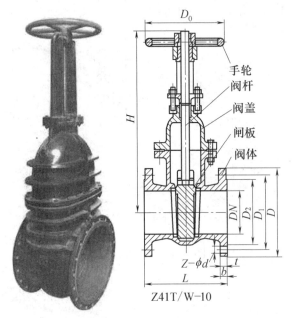

Z41T/W-10

图1-59　闸阀

闸阀是一种使用很广泛的阀门，在管路中主要作切断用，一般$DN \geqslant$50mm的切断装置且不经常开闭时常选用它，如水泵进出水口、引入管总阀。

有一些小口径也用闸阀，如铜闸阀。闸阀的优点是流体阻力小、介质的流向不受限制；缺点是外观尺寸较大，安装所需空间较大，开闭过程中密封面容易擦伤。

2）截止阀：截止阀是关闭件（阀瓣）沿阀座中心线移动的阀门，见图1-60。

截止阀在管路中主要作切断用，也可调节一定的流量，如住宅楼内每户的总水阀。截止阀通常只有一个密封面，制造工艺好，在开闭过程中密封面的摩擦力比闸阀小，耐磨且便于维修，但流体阻力损失较大，且具有方向性。

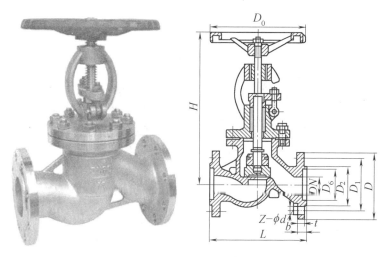

图 1-60　截止阀

3）止回阀：止回阀是指依靠介质本身流动而自动开、闭阀瓣的阀门，见图1-61，用来防止介质倒流，又称逆止阀、单向阀、逆流阀和背压阀。根据用途不同止回阀又有以下几种形式：

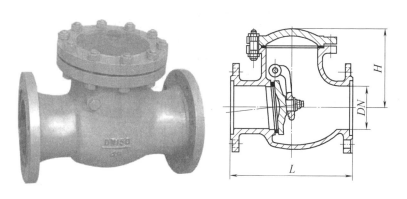

图 1-61　止回阀

① 消声式止回阀：主要由阀体、阀座、导流体、阀瓣、轴承及弹簧等主要零件组成，内部流道采用流线形设计，压力损失极小。阀瓣启闭行程很短，停泵时可快速关闭，从而防止巨大的水锤声，具有静音关闭的特点。其主要用于给水排水、消防及暖通系统，可安装于水泵出口处，以防止倒流及水锤对泵的伤害。

② 多功能水泵控制阀：一种安装在高层建筑给水系统以及其他给水系统的水泵出口管道上，防止介质倒流，防止水锤及水击现象产生，兼具闸阀、逆止阀和水锤消除器三种功能的阀门，可有效地提高供水系统的安全可靠性，见图1-62。

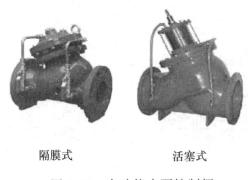

隔膜式   活塞式

图 1-62 多功能水泵控制阀

③ 倒流防止器：倒流防止器是用于高层建筑的供水系统、消防水系统、空调水系统及市政供水管道系统等，防止不洁净水倒流入主管的一种阀门，见图1-63。

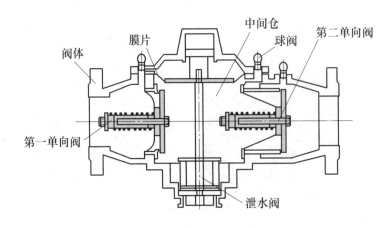

图 1-63 倒流防止器结构

④ 防污隔断阀：一种安装在各类管路系统中用于严格阻止介质倒流，保护其后的介质或设备不受污染的止逆类阀门，见图1-64。它由两个串联的止回阀和过渡部分组成，密封严密，确保介质无一点回流，安全可靠。

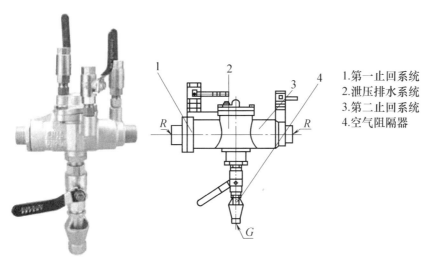

1.第一止回系统
2.泄压排水系统
3.第二止回系统
4.空气阻隔器

图 1-64　防污隔断阀

⑤ 底阀：安装在水泵水下吸管的底端，限制水泵管内液体返回水源，起着只进不出的功能，相当于止逆阀，主要应用在抽水的管路上，见图1-65。

4）蝶阀：蝶阀是蝶板在阀体内绕固定轴旋转的阀门，主要由阀体、蝶板、阀杆、密封圈和传动装置组成，见图1-66。蝶阀可用于控制空气、水、蒸汽、腐蚀性介质、泥浆、油品、液态金属和放射性介质等各类型流体的流动。其在管道上主要起切断和节流作用。

图 1-65　底阀

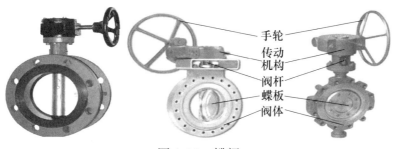

手轮
传动机构
阀杆
蝶板
阀体

图 1-66　蝶阀

蝶阀具有结构简单、外形尺寸小、启闭方便迅速、调节性能好的特点，蝶板旋转 90°即可完成启闭，通过改变蝶板的旋转角度可以分级控制流量。蝶阀的主要缺点是蝶板占据一定的过水断面，增大一定的水头损失，蝶阀常采用法兰连接或对夹连接。

5）球阀：球阀和旋塞阀是同属一个类型的阀门，它的关闭件是个球体，是通过球体绕阀门中心线作旋转来达到开启、关闭的一种阀门，见图 1-67。在管路中主要用来切断、分配和改变介质的流动方向。在水暖工程中，常选用小口径的球阀，采用螺纹连接或法兰连接。

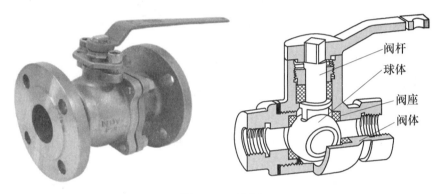

图 1-67　球阀

6）安全泄压阀：安全泄压阀是一种安全保护用阀门，当设备或管道内的介质压力升高，超过规定值时自动开启，通过向系统外排放介质来防止管道或设备内介质压力超过规定数值；当系统压力低于工作压力时，安全阀自动关闭。

7）疏水阀：疏水阀是用于蒸汽加热设备、蒸汽管网和凝结水回收系统的一种阀门，见图 1-68。它能迅速、自动、连续地排除凝结水，有效地阻止蒸汽泄漏。

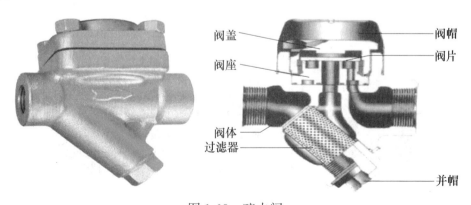

图 1-68　疏水阀

8）水位控制阀：一种自动控制水箱、水塔液面高度的水力控制阀。当水面下降超过预设值时，浮球阀打开，活塞上腔室压力降低，活塞上下形成压差，在此压差作用下阀瓣打开进行供水作业；当水位上升到预设高度时，浮球阀关闭，活塞上腔室压力不断增大使阀瓣关闭，停止供水，见图 1-69。如此往复，自动控制液面在设定高度，实现自动供水。

图 1-69　水位控制阀

（3）常用阀门型号表示方法及举例

阀门产品的型号是由 7 个单元组成，用来表明阀门类型、传动方式、连接形式、结构形式、阀座密封面或衬里材料、公称压力及阀体材料，见图 1-70。

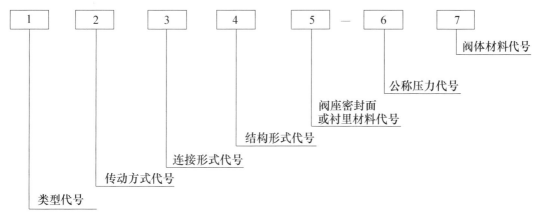

图 1-70　阀门型号表示方法

第 1 单元为阀门的类型代号，用汉语拼音字母表示，见表 1-6。

阀门类型代号　　　　　　　　　　　　　　　表 1-6

阀门类型	代号	阀门类型	代号	阀门类型	代号
闸阀	Z	球阀	Q	疏水阀	S
截止阀	J	旋塞阀	X	安全阀	A
节流阀	L	液面指示	M	减压阀	Y
隔膜阀	G	止回阀	H		
柱塞阀	U	蝶阀	D		

第 2 单元为传动方式代号，用阿拉伯数字表示，见表 1-7。

传动方式代号　　　　　　　　　　表 1-7

传动方式	代号	传动方式	代号
电磁阀	0	伞齿轮	5
电磁-液动	1	气动	6
电-液动	2	液动	7
蜗轮	3	气-液动	8
正齿轮	4	电动	9

注：1. 手轮、手柄和扳手传动以及安全阀、减压阀、疏水阀省略本代号；
　　2. 对于气动或液动：常开式用 6K、7K 表示；常闭式用 6B、7B 表示；气动带手动用 6S 表示；
　　　防爆电动用 9B 表示。

第 3 单元为连接形式代号，用阿拉伯数字表示，见表 1-8。

连接形式代号　　　　　　　　　　表 1-8

连接形式	代号	连接形式	代号
内螺纹	1	对夹	7
外螺纹	2	卡箍	8
法兰	4	卡套	9
焊接	6		

注：焊接包括对焊和承插焊。

第 4 单元为结构形式代号，用阿拉伯数字表示，常用阀门结构形式见表 1-9。

第 5 单元为阀座密封面或衬里材料代号，用汉语拼音字母表示，按表 1-10 的规定执行。

第 6 单元为阀门的公称压力代号，直接以公称压力数值表示，单位为"MPa"，并用横线与前部分隔开。阀门的公称压力常为 1.0、1.6、2.5、4.0、6.4、10.0、20.0、25.0、32.0MPa 等。

第 7 单元为阀体材料代号，用汉语拼音字母表示，见表 1-11。对于 $PN \leqslant$ 1.6MPa 的灰铸铁阀体和 $PN \geqslant 2.5$MPa 的碳素钢阀体，此部分省略不写。

结构形式代号　　　　　　　　　　表 1-9

结构形式	代号	结构形式	代号
闸阀			
明杆楔式单闸板	1	暗杆楔式单闸板	5
明杆楔式双闸板	2	暗杆楔式双闸板	6
明杆平行式单板	3	暗杆平行式单板	7
明杆平行式双板	4	暗杆平行式双板	8

续表

结构形式	代号	结构形式		代号
截止阀				
直通式	1	直流式（Y 型）		5
Z 形直通式	2	平衡	直通式	6
三通式	3		角式	7
角式	4			
止回阀				
直通升降式（铸）	1	单瓣旋启式		4
立式升降式	2	多瓣旋启式		5
直通升降式（锻）	3			

阀座密封面或衬里材料代号　　　　　　　　表 1-10

阀座密封面或衬里材料	代号	阀座密封面或衬里材料	代号
铜合金	T	渗氮钢	D
橡胶	X	硬质合金	Y
尼龙塑料	N	衬胶	J
氟塑料	F	衬铅	Q
巴氏合金	B	搪瓷	C
合金钢	H	渗硼钢	P

注：由阀体直接加工的阀座密封面材料代号为 W；当阀座和阀瓣（闸板）密封面材料不同时，用低硬度材料代号表示（隔膜阀除外）。

阀体材料代号　　　　　　　　表 1-11

阀体材料	代号	阀体材料	代号
灰铸铁	Z	中铬钼合金钢	I
可锻铸铁	K	铬镍钛钢	P
球墨铸铁	Q	铬镍钼钛合金钢	R
钢合金（铸铜）	T	铬钼钒合金钢	V
碳钢	C	铝合金	L

常用阀门型号表示方法举例如下：

1）Z944T-1，$DN500$：表示公称直径为 500mm 的闸阀，电动机驱动，法兰连接，结构形式为明杆平行式双闸板，铜合金密封圈公称压力为 1MPa，阀体材料为灰铸铁（$PN \leqslant 1.6$MPa 的灰铸铁阀体，该部分省略）。

2）J11T-1.6，$DN32$：表示公称直径 32mm 的截止阀，手轮驱动（该部分省略），内螺纹连接，结构形式为直通式（铸造），铜合金密封圈，公称压力为 1.6MPa，阀体材料为灰铸铁（该部分省略）。

3）H11T-1.6K，$DN50$：表示公称直径 50mm 的止回阀，自动启闭（该部分省略），内螺纹连接，结构形式为直通升降式（铸），铜合金密封圈，公称压力为 1.6MPa，阀体材料为可锻铸铁。

5. 常用给水仪表

（1）水表

水表是一种流速计量仪，其原理是当管道直径一定时，通过水表的水流速度与流量成正比，水流通过水表时推动翼轮转动，通过一系列联运齿轮，记录用水量。

根据翼轮的不同结构水表又分为：

1）旋翼式水表：翼轮转轴与水流方向垂直，水流阻力大，适用于小口径的液量计量，见图 1-71。

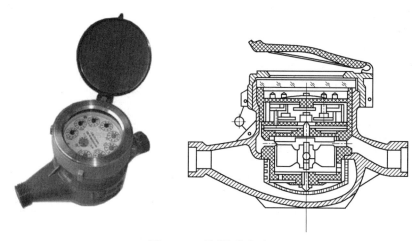

图 1-71　旋翼式水表

2）螺翼式水表：翼轮转轴与水流方向平行，阻力小，适用于大流量（大口径）的计量，见图 1-72。

（2）压力表

压力表是以大气压力为基准，用于测量小于或大于大气压力的仪表，如图 1-73 所示。压力表按其指示压力的基准不同，分为一般压力表、绝对压力表、差压表。一般压力表以大气压力为基

图 1-72　螺翼式水表

准；绝对压力表以绝对压力零位为基准；差压表用来测量两个被测物体之间的压力差。

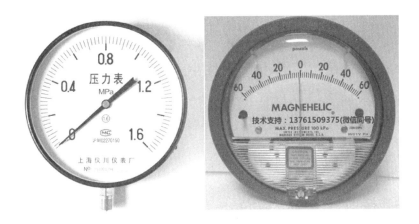

图 1-73 压力表

（3）温度计

温度计是测温仪器的总称，根据所用测温物质的不同和测温范围的不同，分为煤油温度计、酒精温度计、水银温度计、气体温度计、电阻温度计、温差电偶温度计、辐射温度计和光测温度计、双金属温度计等。

1.1.5 管道的连接方式

1. 焊接连接

焊接，也称作熔接、镕接，是一种以加热、高温或者高压的方式接合金属或其他热塑性材料如塑料的制造工艺及技术。常用的焊接连接包括电弧焊，氩弧焊，CO_2 保护焊，氧气-乙炔焊，激光焊接，电渣压力焊等。

钢管焊接可采用焊条电弧焊或氧气-乙炔气焊。由于电焊的焊缝强度较高，焊接速度快，又较为经济，所以钢管焊接大多采用电焊，只有当管壁厚度小于 4mm 时，才采用气焊。而焊条电弧焊在焊接薄壁管时容易烧穿，一般电焊只用于焊接壁厚为 3.5mm 及以上的管道。

管材壁厚在 5mm 以上者，应对管端焊口部位铲坡口，主要是保证焊缝的熔深和填充金属量，使焊缝与母材良好结合，便于操作，减少焊缝变形，保证焊缝的几何尺寸。管道常用的坡口形式为"V"形坡口，如图 1-74 所示。

2. 螺纹连接

螺纹连接又叫丝扣连接，是一种广泛使用的可拆卸的固定连接，即将管端加工的外螺纹和管件的内螺纹紧密连接，具有结构简单、连接可靠、装拆方便等优点。其适用于较小直径（公称直径 100mm 以

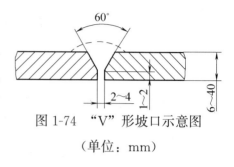

图 1-74 "V" 形坡口示意图
（单位：mm）

内），较低工作压力（如 1MPa 以内）焊接钢管的连接和带螺纹的阀类及设备接管的连接。

螺纹连接管件详见图 1-54。

3. 法兰连接

法兰连接就是把两个管道、管件或器材，先各自固定在一个法兰盘上，然后在两个法兰盘之间加上法兰垫，最后用螺栓将两个法兰盘拉紧，使其紧密结合起来的一种可拆卸的接头，如图 1-75 所示。

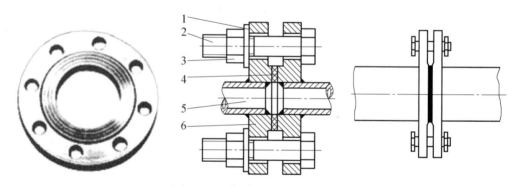

图 1-75 管道法兰连接示意图

1—垫圈；2—螺栓；3—螺母；4—法兰垫片；5—接管；6—平焊法兰

法兰连接按连接方式可分为螺纹法兰和焊接法兰，见图 1-76。管道与法兰之间采用焊接连接称为焊接法兰，管道与法兰之间采用螺纹连接则称为螺纹法兰。低压小直径用螺纹法兰，高压和低压大直径均采用焊接法兰。

焊接法兰按法兰的接触面可分为平焊法兰和对焊法兰。平焊和对焊是法兰和管道连接时的焊接方式，平焊法兰焊接时只需单面焊接，不需要焊接管道和法兰连接的内口；对焊法兰的焊接安装需要法兰双面焊。平焊法兰的刚性较差，适用于压力 $P \leqslant 4$MPa 的场合，对焊法兰又称高颈法兰，刚性较大，适用于压力和温度较高的场合。

法兰的规格一般以公称直径"*DN*"和公称压力"*PN*"表示。水暖工程中多选用平焊法兰。

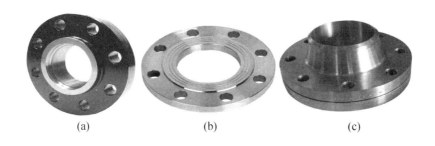

(a)　　　　　　　　(b)　　　　　　　　(c)

图 1-76　法兰连接的分类

（a）螺纹法兰；（b）平焊法兰；（c）带颈对焊法兰

4. 沟槽（卡箍）连接

沟槽连接是一种新型的钢管连接方式，也叫卡箍连接，具有很多优点。《自动喷水灭火系统设计规范》GB 50084—2017、《消防给水及消火栓系统技术规范》GB 50974—2014 规定，系统管道的连接应采用沟槽连接或丝扣、法兰连接；其中自动喷淋系统中直径等于或大于 100mm 的管道、消防给水系统中直径大于 50mm 的管道，均应分段采用法兰或沟槽连接。

沟槽连接的结构非常简单，包括卡箍（材料为球墨铸铁或铸钢）、密封圈（材料为橡胶）和螺栓紧固件，见图 1-77。规格有 $DN25 \sim DN600$，配件除卡箍连接器外，还有变径卡箍、法兰与卡箍转换接头、螺纹与卡箍转换接头等。卡箍根据连接方式分为刚性接头和柔性接头。

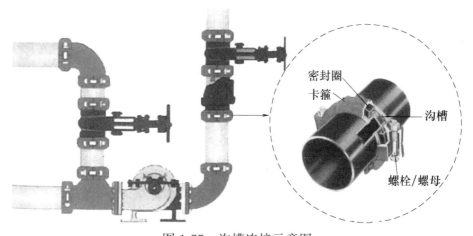

图 1-77　沟槽连接示意图

工艺流程：安装准备→滚槽→开孔、安装机械三通、四通→管道安装→系统试压。

管道安装方法：按照先装大口径、总管、立管，后装小口径、支管的原则，在安装过程中，必须按顺序连续安装，不可跳装、分段安装，以免出现段与段之间连接困难，影响管路整体性能。

沟槽连接管件详见图 1-55。

5. 承插连接

承插连接主要用于带承插接头的铸铁管、混凝土管、陶瓷管、塑料管等，如图 1-78 所示。

（1）水泥捻口：一般用于室内、外铸铁排水管道的承插口连接。

（2）石棉水泥接口：一般室内、外铸铁给水管道敷设均采用石棉水泥捻口，即在水泥内掺适量的石棉绒拌合，其具体做法详见《室内给水管道安装施工工艺标准》SGBZ-0502。

（3）铅接口：一般用于工业厂房室内铸铁给水管敷设，设计有特殊要求或室外铸铁给水管紧急抢修，管道碰头急于通水的情况可采用铅接口，具体做法详见《室内给水管道安装施工工艺标准》SGBZ-0502。

图 1-78　承插连接示意图

（4）橡胶圈接口：一般用于室外铸铁给水管铺设、安装的管与管接口。

承插连接管件详见图 1-56。

6. 热熔连接

热熔连接技术适用于聚丙烯管道（如 PP-R 塑料管）的连接。热熔机加热到一定时间后，将材料原来紧密排列的分子链熔化，然后在稳定的压力作用下将两个部件连接并固定，在熔合区建立接缝压力。

热熔连接方式有热熔承插连接和热熔对接（包括鞍形连接），见图 1-79。热熔承插连接适合于直径比较小的管材管件（一般直径在 $DN63$ 以下），因为直径小的管材管件管壁较薄，界面较小，采用对接不易保证质量。热熔对接适合于直径比较大的管材管件，比承插连接用料省，易制造，并且在熔接前切去氧化表面层，熔接压力可以控制，质量较易保证。

夹紧并清洁管口

调整并修平管口

加热板吸热

加压对接

保持压力冷却定型

焊接成型

图 1-79　热熔连接

任务 1.2　建筑给水排水施工图识读

1.2.1　建筑给水排水施工图中常用的表示方法

1. 图线

建筑给水排水施工图的线宽 b 应根据图纸的类别、比例和复杂程度确定，一般线宽 b 宜为 0.7mm 或 1.0mm。常用的各种线型应符合表 1-12 的规定。

线型　　　　　　　　　　　　　　　　　　　　　　表 1-12

名称		线型	线宽	用途
实线	粗	——————	b	新设计的各种排水和其他重力流管线
	中粗	——————	$0.75b$	新设计的各种给水和其他压力流管线；原有的各种排水和其他重力流管线
	中	——————	$0.5b$	给水排水设备、零（附）件的可见轮廓线；总图中新建的建筑物和构筑物的可见轮廓线；原有的各种给水和其他压力流管线

续表

名称		线型	线宽	用途
实线	细	——————	0.25b	建筑的可见轮廓线;总图中原有的建筑物和构筑物的可见轮廓线;制图中的各种标注线
虚线	粗	— — —	b	新设计的各种排水和其他重力流管线的不可见轮廓线
	中粗	— — — —	0.75b	新设计的各种给水和其他压力流管线及原有的各种排水和其他重力流管线的不可见轮廓线
	中	— — — — — —	0.5b	给水排水设备、零(附)件的不可见轮廓线;总图中新建的建筑物和构筑物的不可见轮廓线;原有的各种给水和其他压力流管线的不可见轮廓线
	细	- - - - - - -	0.25b	建筑的不可见轮廓线;总图中原有的建筑物和构筑物的不可见轮廓线
单点长画线	细	—·—·—·—	0.25b	中心线、定位轴线
折断线	细	——⌇——	0.25b	断开界线
波浪线	细	∿∿∿	0.25b	平面图中水面线;局部构造层次范围线;保温范围示意线

2. 比例

建筑给水排水施工图常用比例见表 1-13。

常用比例　　　　　　　　　　　　　　　　　表 1-13

名称	比例	备注
区域规划图 区域位置图	1:50000、1:25000、1:10000 1:5000、1:2000	宜与总图专业一致
总平面图	1:1000、1:500、1:300	宜与总图专业一致
管道纵断面图	纵向:1:200、1:100、1:50 横向:1:1000、1:500、1:300	
水处理厂(站)平面图	1:500、1:200、1:100	
水处理构筑物、设备间、卫生间,泵房平、剖面图	1:100、1:50、1:40、1:30	
建筑给水排水平面图	1:200、1:150、1:100	宜与建筑专业一致
建筑给水排水轴测图	1:150、1:100、1:50	宜与相应图纸一致
详图	1:50、1:30、1:20、1:10、1:5、1:2、1:1、2:1	

在管道纵断面图中,可根据需要对纵向与横向采用不同的组合比例。

在建筑给水排水轴测图中，如局部表达有困难时，该处可不按比例绘制。水处理流程图、水处理高程图和建筑给水排水系统原理图均不按比例绘制。

3. 标高

标高用以表示管道的高度，有相对标高和绝对标高两种表示方法。相对标高一般以建筑物的底层室内地面高度为±0.000，室内工程应标注相对标高；绝对标高是以青岛附近黄海的平均海平面作为标高的零点，所计算的标高称为绝对标高，室外工程应标注绝对标高，当无绝对标高资料时，可标注相对标高，但应与总图专业一致。

（1）压力管道应标注管中心标高；沟渠和重力流管道应标注沟（管）底标高。

（2）在下列部位应标注标高：

1）沟渠和重力流管道的起讫点、转角点、连接点、变坡点、变尺寸（管径）点及交叉点；

2）压力流管道中的标高控制点；

3）管道穿外墙、剪力墙和构筑物的壁及底板等处；

4）不同水位线处；

5）构筑物和土建部分的相关标高。

（3）标高的标注方法应符合下列规定：

1）平面图中，管道标高应按图 1-80 方式标注。

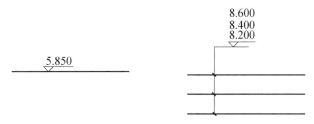

图 1-80　平面图管道标高标注方式

2）平面图中，沟渠标高应按图 1-81 方式标注。

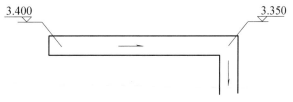

图 1-81　平面图中沟渠标高标注方式

3）剖面图中，管道及水位的标高应按图 1-82 方式标注。

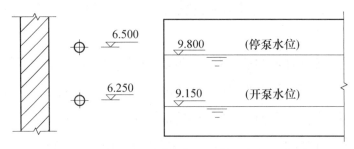

图 1-82　剖面图中管道及水位标高标注方式

4）轴测图中，管道标高应按图 1-83 的方式标注。

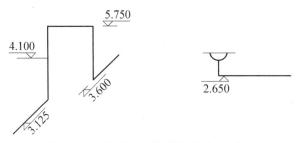

图 1-83　轴测图中管道标高标注方式

（4）在建筑工程中，管道也可标注相对本层建筑地面的标高，标注方法为 $h+\times.\times\times\times$，$h$ 表示本层建筑地面标高（如 $h+0.250$）。

（5）标高符号及一般标注方法应符合《房屋建筑制图统一标准》GB/T 50001—2017 中第 10.8 节的规定。

4. 管径

管径应以"mm"为单位。

（1）管径的表达方式应符合下列规定：

1）水煤气输送钢管（镀锌或非镀锌）、铸铁管等管材，管径宜以公称直径 DN 表示（如 $DN15$、$DN50$）；

2）无缝钢管、焊接钢管（直缝或螺旋缝）、铜管、不锈钢管等管材，管径宜以外径 $D\times$壁厚表示（如 $D108\times4$、$D159\times4.5$ 等）；

3）钢筋混凝土（或混凝土）管、陶土管、耐酸陶瓷管、缸瓦管等管材，管径宜以内径 d 表示（如 $d230$、$d380$ 等）；

4）塑料管材，其管径宜按产品标准的方法表示；

5）当设计均用公称直径 DN 表示管径时，应有公称直径 DN 与相应产品规格对照表。

（2）管径的标注方法应符合下列规定：

1）单根管道时，管径应按图 1-84（a）的方式标注。

2）多根管道时，管径应按图 1-84（b）的方式标注。

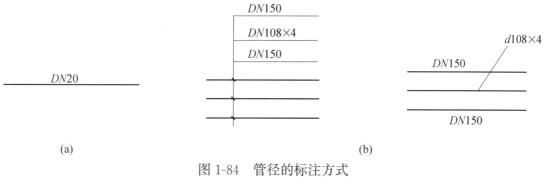

图 1-84　管径的标注方式

（a）单管管径表示法；（b）多管管径表示法

5. 编号

（1）当建筑物的给水引入管或排水排出管的数量超过 1 根时，宜进行编号，编号宜按图 1-85 的方式表示。

（2）建筑物内穿越楼层的立管，其数量超过 1 根时宜进行编号，编号宜按图 1-86 方式表示。

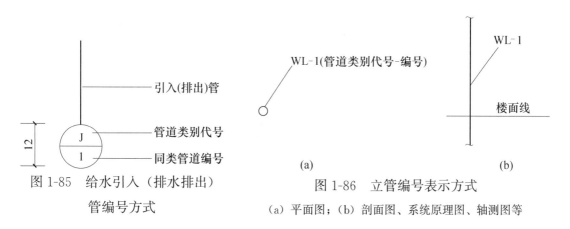

图 1-85　给水引入（排水排出）

　　　　　管编号方式

图 1-86　立管编号表示方式

（a）平面图；（b）剖面图、系统原理图、轴测图等

（3）在总平面图中，当给水排水附属构筑物的数量超过 1 个时，宜进行编号。

1）编号方法为：构筑物代号-编号；

2）给水构筑物的编号顺序宜为：从水源到干管，再从干管到支管，再到用户；

3）排水构筑物的编号顺序宜为：从上游到下游，先干管后支管。

（4）当给水排水机电设备数量超过 1 台时，宜进行编号，并应有设备编号和设备名称对照表。

6. 图例

建筑给水排水图纸上的管道、卫生器具、设备等均按照《建筑给水排水制图标准》GB/T 50106—2010 使用统一的图例来表示。在《建筑给水排水制图标准》GB/T 50106—2010 中列出了管道、管道附件、管道连接、管件、阀门、给水配件、消防设施、卫生设备及水池、小型给水排水构筑物、给水排水设备、仪表共 11 类图例。下面列出一些常用给水排水图例供参考。

（1）管道类别应以汉语拼音字母表示，并符合表 1-14 的要求。

管道图例　　　　　　　　　　　表 1-14

名称	图例	名称	图例
生活给水管	——J——	压力污水管	——YW——
热水给水管	——RJ——	雨水管	——Y——
热水回水管	——RH——	压力雨水管	——YY——
中水给水管	——ZJ——	膨胀管	——PZ——
循环给水管	——XJ——	保温管	〜〜〜
循环回水管	——Xh——	多孔管	↑　↑　↑
热媒给水管	——RM——	地沟管	═══
热媒回水管	——RMH——	防护套管	▭
蒸汽管	——Z——	管道立管 （X-管道类别； L-立管；1-编号）	XL-1（平面）　XL-1（系统）
凝结水管	——N——	伴热管	═══
废水管	——F——	空调凝结水管	——KN——
压力废水管	——YF——	排水明沟	坡向 —→
通气管	——T——	排水暗沟	坡向 —→
污水管	——W——		

注：分区管道用加注角标方式表示，如 J1、J2、RJ1、RJ2 等。

（2）管道附件图例宜符合表 1-15 的要求。

管道附件图例　　　　　　　　表 1-15

名称	图例	名称	图例
套管伸缩器		方形伸缩器	
刚性防水套管		柔性防水套管	
波纹管		可曲挠橡胶接头	
管道固定支架		管道滑动支架	
立管检查口		清扫口	平面　系统
通气帽	成品　铅丝球	雨水斗	YD-平面　YD-系统
排水漏斗	平面　系统	圆形地漏（通用，如无水封，地漏应加存水弯）	
方形地漏		自动冲洗水箱	
挡墩		减压孔板	
Y 形除污器		毛发聚集器	平面　系统
防回流污染止回阀		吸气阀	

（3）管道连接的图例宜符合表1-16的要求。

管道连接图例　　　　　　　　　　　　　　　表 1-16

名称	图例	名称	图例
法兰连接		承插连接	
活接头		管堵	
法兰堵盖		弯折管（表示管道及向下弯转90°）	
三通连接		四通连接	
盲板		管道丁字上接	
管道丁字下接		管道交叉（在下方和后面的管道应断开）	

（4）管件的图例宜符合表1-17的要求。

管件图例　　　　　　　　　　　　　　　表 1-17

名称	图例	名称	图例
偏心异径管		异径管	
乙字管		喇叭口	
转动接头		短管	
存水弯		弯头	
正三通		斜三通	
正四通		斜四通	
浴盆排水件			

（5）阀门的图例宜符合表 1-18 的要求。

阀门图例　　　　　　　　　　　表 1-18

名称	图例	名称	图例
闸阀		角阀	
三通阀		四通阀	
截止阀	DN≥50　　DN<50	电动阀	
液动阀		气动阀	
减压阀 （左侧为高压端）		旋塞阀	平面　　系统
底阀		球阀	
隔膜阀		气开隔膜阀	
气闭隔膜阀		温度调节阀	
压力调节阀		电磁阀	M
止回阀		消声止回阀	
蝶阀		弹簧安全阀	
平衡锤安全阀		自动排气阀	平面　　系统
浮球阀	平面　　系统	延时自闭冲洗阀	
吸水喇叭口	平面　　系统	疏水器	

（6）给水配件图例宜符合表 1-19 的要求。

给水配件图例　　　　　　　　　　　　　表 1-19

名称	图例	名称	图例
放水龙头	平面图　系统图	皮带龙头	平面图　系统图
洒水（栓）龙头		化验龙头	
肘式龙头		脚踏开关	
混合水龙头		旋转龙头	
浴盆带喷头混合水龙头			

（7）卫生设备及水池的图例宜符合表 1-20 的要求。

卫生设备及水池图例　　　　　　　　　　　表 1-20

名称	图例	名称	图例
立式洗脸盆		台式洗脸盆	
挂式洗脸盆		浴盆	
化验盆、洗涤盆		带沥水板洗涤盆（不锈钢）	
盥洗槽		污水池	
妇女卫生盆		立式小便器	
壁挂式小便器		蹲式大便器	
坐式大便器		小便槽	
淋浴喷头			

1.2.2　建筑给水排水施工图的构成

给水排水工程施工图分为室外给水排水工程施工图和室内给水排水工程施工图两部分，室外给水排水工程施工图表示一个区域的给水排水管网；室内给水排水工程施工图表示一幢建筑物的给水排水工程。

建筑给水排水施工图一般由设计说明、平面布置图、系统图（轴测图）、施工详图、设备及材料明细表、图纸目录、图例等组成。室外小区给水排水工程根据工程内容还应包括管道断面图、给水排水节点图等。

1. 设计说明

用工程绘图无法表达清楚的给水、排水、热水供应、雨水系统等管材、防腐、防冻、防露的做法；或难以表达的诸如管道连接、固定、竣工验收要求、施工中特殊情况技术处理措施，或施工方法要求必须严格遵守的技术规程、规定等，可在图纸中说明。

2. 平面布置图

给水排水平面图表达给水、排水管线和设备的平面布置情况。根据建筑规划，在设计图纸中，建筑物轮廓线、轴线号、房间名称、绘图比例等均应与建筑专业一致，并用细实线绘制；给水和排水平面布置图中应包括用水设备的种类、数量、位置；各种功能管道、管道附件、卫生器具、用水设备，如消火栓箱、喷头等，均应用各种图例表示；各种横干管、立管、支管的管径、坡度等，均应标出。平面图上管道都用单线绘出，沿墙敷设时不注管道距墙面的距离。指北针应绘制于底层平面图上（±0.000 标高层）。

一张平面图上可以绘制几种类型的管道，一般来说，给水和排水管道可以在一起绘制，若图纸的管线复杂，也可以分别绘制，以图纸能清楚表达设计意图而图纸数量又很少为原则。

3. 系统图

系统图，也称"轴测图"，采用轴测投影的方法绘制。多层建筑、中高层建筑和高层建筑的管道以立管为主要表示对象，按管道类别分别绘制系统原理图。系统图中管道布图方向应与平面图一致。系统图上应标明管道的管径、坡度；标出支管与立管的连接处以及管道各种附件的安装标高，标高的±0.000

应与建筑图一致；示意绘出管道阀门及附件、各种设备及构筑物。系统图上各种立管的编号应与平面布置图一致。

建筑居住小区给水排水管道，一般不绘制系统图，但应绘制管道纵断面图。

4. 施工详图

凡平面布置图、系统图中局部构造因受图面比例限制而表达不完善或无法表达的，为使施工概预算及施工不出现失误，必须绘出施工详图。通用施工详图系列，如卫生器具安装、排水检查井、雨水检查井、阀门井、水表井、局部污水处理构筑物等，均有各种施工标准图，施工详图宜首先采用标准图。

5. 设备及材料明细表

为了能使施工准备的材料和设备符合图样要求，对重要工程中的材料和设备，应编制设备及材料明细表。

设备及材料明细表应包括：编号、名称、型号规格、单位、数量及附注等项目。

施工图中涉及的管材、阀门、仪表、设备等均需列入表中，不影响工程进度和质量的零星材料，允许施工单位自行决定时，可不列入表中。

6. 图纸目录

施工图还应绘出工程图所用图例，所有图纸及施工说明等应编排有序，并制作图纸目录。

1.2.3 建筑给水排水施工图的识读

1. 室内给水排水工程施工图识读步骤

（1）阅读主要图纸之前，应当先看说明和设备材料表。

（2）然后以系统图为线索深入阅读平面图、系统图及详图。阅读时，应将三种图纸对照起来看。先看系统图，对各系统做到大致了解。

（3）看给水系统图时，顺水流方向进行阅读，由建筑的给水引入管开始，沿水流方向经干管、立管、支管到用水设备。

（4）看排水系统图时，也是顺水流方向进行阅读，由排水设备开始，沿排水方向经支管、横管、立管、干管到排出管。

2. 给水排水施工图的特点

（1）给水排水平面图和系统图，都不标注管道的长度。

（2）管线的长度在备料时需要用比例尺从图纸中近似量出，在安装时则以实测尺寸为依据。

（3）在给水排水平面图中的建筑平面图，不是用于房屋土建施工，而是用作管道和设备的平面布置和定位，它使用较细的实线绘制，仅画出房屋的墙身、门窗洞口、楼梯、台阶等主要构配件，只标注轴线间尺寸，至于建筑细部及其尺寸和门窗代号等均略去。

另外，在阅读给水排水施工图时，读懂系统图非常关键，下面介绍建筑给水排水系统图的识读方法和识读要点。

3. 建筑给水排水系统图的识读方法

系统图采用轴侧图原理绘制，轴测图是一种单面投影图，在一个投影面上能同时反映出物体三个坐标面的形状。室内给水排水管道的系统图主要是反映管道在室内的空间走向和标高位置，所以左右方向的管道用水平线表示，上下走向的管道用垂直线表示，前后走向的管道用 45°斜线表示，如图 1-87（a）所示。

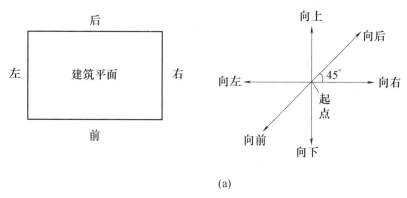

(a)

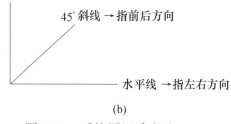

(b)

图 1-87 系统图识读方法

（a）系统图中管道空间方向示意；（b）识读系统图时，线与方向的关系在识读给水排水系统图时，牢记水平线指左右方向，垂直线指上下方向，45°斜线指前后方向，就能很清楚地识读管道的空间布置情况，如图1-87（b）所示。

4. 建筑给水排水系统图的识读要点

（1）查明给水管道的走向，干管的布置方式，管径尺寸及其变化情况，阀门的设置，引入管、干管及各支管的标高。

（2）查明排水管的走向，管路分支情况，管径与横管坡度，管道标高，存水弯的形式，清通设备的设置情况，弯头及三通的选用等。

识读管道系统图时，应结合平面图及说明，了解和确定管材及配件。

（3）系统图上标明了各楼层标高，看图时可据此分清各层管路。

【识读案例】　某给水系统图局部，见图1-88，从A点至E点，管道的走向是怎样的？

根据图中45°斜线、水平线、垂直线的走向，可以看出：公称直径为$dn110$的管道从A点向前敷设，至B点时分成两路，一路继续向前敷设，管径仍为$dn110$，另一路在B点向左敷设至C点，BC段管径变为$dn50$，此管段从C点起向上布置至D点，从D点开始向前敷设至E点，此管段的标高为−0.100m，管径为$dn50$，中间安装有阀门和水表，从E点开始，向上敷设的就是立管了，立管从E点起，向上穿过1层、2层，然后在每层再设支管……此处不再赘述，将在任务1.3中进行识图训练。

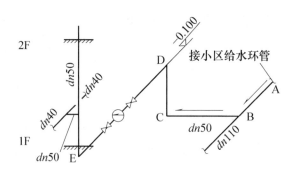

图1-88　某给水系统图局部

【识读实训】　识读卫生间给水详图（图1-89），根据引导文进行填空，完成给水系统图和平面图的综合识读。

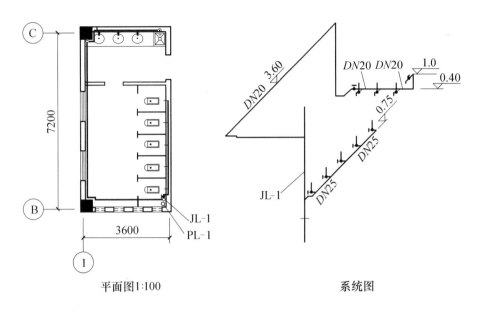

图 1-89　卫生间给水详图

【学习情境引导文】

1. 卫生间给水详图包括_____张图，分别是平面图和系统图。

2. 识读卫生间给水详图，填写管道走向（上、下、左、右、前、后）、管道标高和管径。

从图中可知，JL-1 立管供水到卫生间后，卫生间给水支管分为两路，先看左边这一路，管道向_____敷设，到达Ⓑ轴柱子附近，向_____敷设，然后向_____敷设到墙边，然后向_____敷设到Ⓒ轴柱子处，这些管道的标高均为_____ m（轴测图中给水管道标高是指给水管的管中心距该楼层卫生间地面的高度），管径均为_____；然后管道向_____敷设至标高_____ m 处，然后向_____敷设一小段，绕过Ⓒ轴柱子后向_____敷设至墙边，接着向_____敷设一段，给 3 个洗脸盆供水，这部分的管道管径均为_____，标高均为_____ m，然后，继续向_____敷设一段，至拖把池处后，即向_____敷设至标高_____ m，给拖把池供水，这部分的管道管径仍为_____。

码1-7 第1.2.3节学习情境引导文参考答案

下面识读 JL-1 右边这一路：管道向_____敷设一小段，然后向_____敷设一小段，接着沿墙边向_____敷设，给 5 个蹲式大便器供水，此部分的管道标高均为_____ m，管径均为_____。

任务 1.3　给水管道安装、识图及算量

1.3.1　给水管道安装的施工工艺

1. 室内给水系统管道布置形式

各种给水方式按其水平干管在建筑物内敷设的位置分为以下几种形式：

（1）下行上给式：水平干管敷设在地下室顶棚下、专门的地沟内或在底层直接埋地敷设，从下向上供水，如图 1-90 所示。

民用建筑直接从室外管网供水时，多采用此方式。

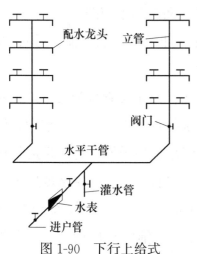

图 1-90　下行上给式

（2）上行下给式：水平干管设于顶层顶棚下、吊顶中，从上向下供水，如图 1-91 所示。

其适用于屋顶设水箱的建筑或采用下行上给式存在困难的建筑。这种方式的缺点是冬季易结露、结冻，干管漏水时损坏墙面和室内装修，维修不便。

（3）环状式：水平配水干管或立管互相连接成环，组成水平干管环状或立管环状，如图 1-92 所示。任何管道发生事故时，可用阀门关闭事故管段而不中断供水，水流畅通，水压损失小，水质不易因滞留而变质，缺点是管网造价高。

2. 管道敷设工艺流程

管道敷设工艺流程：安装准备→预留孔洞→预制加工→干管安装→立管安

装→支管安装→管道试压→管道防腐和保温→管道消毒冲洗。

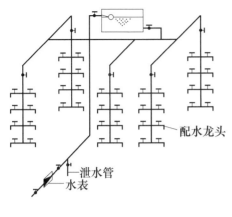

图 1-91 上行下给式

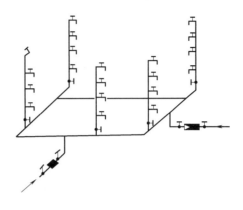

图 1-92 环状式

3. 管道敷设方式

室内管道的布置原则是简短、经济、美观、便于检修。

室内给水管道敷设方式有明装或暗装两种。

(1) 明装：明装是室内管道沿墙、梁柱、顶棚、底板等处明露布置的方法。其优点为：施工、维修方便，造价低；其缺点为：影响美观，易结露、积灰，不卫生。

(2) 暗装：暗装是室内管道布置在墙体管槽、管道井、顶棚、技术层和管沟内，或者由建筑装饰所隐蔽的敷设方式。暗装时应考虑管道及附件的安装、检修可能性，如顶棚留活动检修口，竖井留检修门。其优点为：卫生、美观；其缺点为：施工复杂，维修不便，造价高。

4. 管道安装技术要求

(1) 引入管应有不小于 3‰ 的坡度，坡向室外给水管网。每条引入管上应装设阀门和水表、止回阀。当生活和消防共用给水系统，且只有一条引入管时，应绕水表旁设旁通管，旁通管上设阀门。

给水引入管与排水排出管的水平净距离不得小于 1m。室内给水与排水管道平行敷设时，两管间的最小水平净距不得小于 0.5m；交叉铺设时，垂直净距不得小于 0.15m。给水管应铺在排水管上面，若给水管必须铺在排水管的下面时，给水管应加套管，套管长度不得小于排水管管径的 3 倍。

(2) 室内直埋给水金属管道（塑料管和复合管除外）应做防腐处理，埋地管道防腐层材质和结构应符合设计要求。埋地金属管道防腐的主要措施是涂装沥青涂层和包玻璃布，做法通常有一般防腐、加强防腐和特加强防腐。

（3）给水管道穿过地下构筑物外墙、水池壁及屋面时，应采取防水措施。对有严格防水要求的建筑物，必须采用柔性防水套管。采用刚性防水套管还是柔性防水套管，由设计选定。

刚性防水套管是钢管外加翼环（钢板做成环形套在钢管上），如图1-93（a）所示，装于墙内（多为混凝土墙），适用于有一般防水要求的构筑物，一般用在地下室等需穿管道的位置。柔性防水套管除了外部翼环，内部还有挡圈之类的法兰内丝，有成套出厂的，也可以自行加工，如图1-93（b）所示，柔性防水套管一般适用于管道穿过墙壁处受振动或有严密防水要求的构筑物，如人防墙、水池等要求很高的地方。对于相同规格的这两种防水套管，柔性防水套管要复杂些，因此也就贵一些。

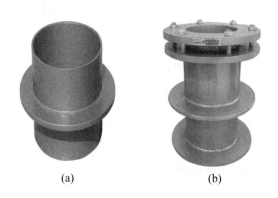

(a)　　　　　　　(b)

图1-93　防水套管

(a) 刚性防水套管；(b) 柔性防水套管

（4）给水管道不得穿过伸缩缝、沉降缝和防震缝，必须穿过时应采取有效措施。常用措施如下：

1）螺纹弯头法：建筑物的沉降可由螺纹弯头的旋转补偿，适用于小管径的管道，见图1-94。

2）软管接头法：用橡胶软管或金属波纹管连接沉降缝、伸缩缝两边的管道，见图1-95。

3）活动支架法：沉降缝两侧的支架使管道能垂直位移而不能水平横向位移，以适应沉降、伸缩之应力，见图1-96。

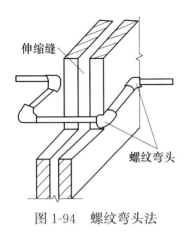

图 1-94　螺纹弯头法

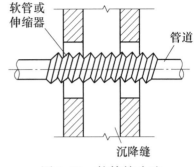

图 1-95　软管接头法

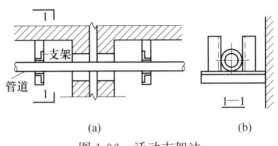

(a)　　　　　　　(b)

图 1-96　活动支架法

(a) 平面图；(b) 1—1 剖面图

（5）管道支架的安装

1）供暖、给水及热水供应系统的金属管道立管管卡安装应符合下列规定：

① 楼层高度小于或等于 5m，每层必须安装一个。

② 楼层高度大于 5m，每层不得少于 2 个。

③ 管卡安装高度距离地面应为 1.5～1.8m，2 个以上管卡应匀称安装，同一房间管卡应安装在同一高度上。

④ 钢管水平安装的支架间距不应大于表 1-21 的规定。

钢管管道支架的最大间距　　　　　表 1-21

公称直径 （mm）		15	20	25	32	40	50	70	80	100	125	150	200	250	300
支架的最大间距(m)	保温管	2	2.5	2.5	2.5	3	3	4	4	4.5	6	7	7	8	8.5
	不保温管	2.5	3	3.5	4	4.5	5	6	6	6.5	7	8	9.5	11	12

2）供暖、给水及热水供应系统的塑料管及复合管垂直或水平安装的支架间距应符合表1-22的规定。采用金属制作的管道支架应在管道与支架间加衬非金属垫或套管。

塑料管及复合管管道支架的最大间距　　　　表1-22

管径(mm)		12	14	16	18	20	25	32	40	50	63	75	90	110
支架最大间距(m)	立管	0.5	0.6	0.7	0.8	0.9	1.0	1.1	1.3	1.6	1.8	2.0	2.2	2.4
	水平管 冷水管	0.4	0.4	0.5	0.5	0.6	0.7	0.8	0.9	1.0	1.1	1.2	1.35	1.55
	水平管 热水管	0.2	0.2	0.25	0.3	0.3	0.35	0.4	0.5	0.6	0.7	0.8		

3）铜管垂直或水平安装的支架间距应符合表1-23的规定。

铜管管道支架的最大间距　　　　表1-23

公称直径(mm)		15	20	25	32	40	50	65	80	100	125	150	200
支架最大间距(m)	垂直管	1.8	2.4	3.0	3.0	3.0	3.0	3.5	3.5	3.5	3.5	4.0	4.0
	水平管	1.2	1.8	1.8	2.4	2.4	2.4	3.0	3.0	3.0	3.0	3.5	3.5

（6）管道穿过墙壁和楼板，应设置金属或塑料套管。安装在楼板内的套管，其顶部应高出装饰地面20mm；安装在卫生间及厨房内的套管，其顶部应高出装饰地面50mm，底部应与楼板地面相平，见图1-97；安装在墙壁内的套管其两端与饰面相平，见图1-98。穿过楼板的套管与管道之间缝隙应用阻燃密实材料和防水油膏填实，端面光滑。穿墙套管与管道之间缝隙应用阻燃密实材料和防水油膏填实，且端面光滑，管道的接口不得设在套管内。

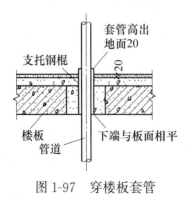

图1-97　穿楼板套管

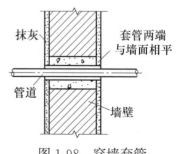

图1-98　穿墙套管

（7）冷、热水管道上下平行安装时，热水管应在冷水管上方；垂直平行安装时，热水管应在冷水管左侧。

（8）管道试压与消毒冲洗。

1）水压试验

给水管道安装完成确认无误后，必须进行系统的水压试验。室内给水管道的水压试验必须符合设计要求，当设计未注明时，各种材质的给水管道系统试验压力均为工作压力的 1.5 倍，但不得小于 0.6MPa。

检验方法：金属及复合管给水系统在试验压力下观测 10min，压力降不应大于 0.02MPa，然后降到工作压力进行检查，应不渗不漏；塑料管给水系统应在试验压力下稳压 1h，压力降不得超过 0.05MPa，然后在工作压力的 1.15 倍状态下稳压 2h，压力降不得超过 0.03MPa，同时检查各连接处不得渗漏。

2）管道冲洗、消毒

生活给水系统管道试压合格后，应将管道系统内存水放空。各配水点与配水件连接后，在交付使用之前必须进行冲洗和消毒，并经有关部门取样检验，符合国家《生活饮用水卫生标准》GB 5749—2006 的要求后方可使用。

1.3.2　给水管道识图

给水管道识图宜从水流入的方向开始，即引入管→干管→立管→支管。

实训任务单：某教学楼给水施工图识读

1. 目的

在教师指导下，从相关工程项目的施工图中获取信息，完成学习情境引导文的节点训练任务，培养学生建筑给水施工图识读的实操能力。

2. 工作任务

（1）图纸详见：附录 4 某教学楼给水排水施工图。

（2）工作任务：识读图纸，根据建筑给水排水系统的基本知识，完成学习情境引导文的解答。

【学习情境引导文】

1. 引入管、干管识图

识读附录 4 的一层平面图，结合给水排水设计说明的内容，回答以下问题：

（1）由给水排水设计说明可以知道，本栋楼的供水方式是_____，生活给水管采用_____管，连接方式为_____。

（2）本栋楼设置了两种卫生间，男卫生间和女卫生间，其中：①轴～②轴区域的是_____卫生间，⑨轴～⑩轴区域的是_____卫生间。

（3）女卫生间的引入管在一层的_____轴和_____轴之间，引入管的编号是_____，管径为_____，引入管为埋地敷设，埋深为_____ m。本引入管进入女卫生间后，直接连接给水立管_____。

（4）男卫生间的引入管在一层的_____轴和_____轴之间，引入管的编号是_____，管径为_____，引入管为埋地敷设，埋深为_____ m。本引入管进入男卫生间后，直接连接给水立管_____。

（5）本栋楼是否设有给水干管？_____（填写"有"或"没有"）

2. 立管识图

识读附录 4 的排水详图二中的"给水管道系统图"，结合一～四层平面图，回答以下问题：

（1）本栋楼的给水立管有 2 根，其中 JL-1 设置在女卫生间，用于_____层的女卫生间供水，JL-2 设置在男卫生间，用于_____层的男卫生间供水。

（2）JL-1 的起点标高为_____ m，终点标高为_____ m（终点标高还需结合排水详图一中的"A 卫生间给水详图"的卫生间支管的标高来计算）。

另外，JL-1 立管管径有两种，一种为_____，标高从_____～_____ m；然后管径变为_____，标高从_____～_____ m。

（3）JL-2 的起点标高为_____ m，终点标高为_____ m（终点标高还需结合排水详图一中的"C 卫生间给水详图"的卫生间支管的标高来计算）。

另外，JL-2 立管管径有三种，一种为＿＿＿＿＿＿，标高从＿＿＿＿＿～＿＿＿＿＿＿ m；接着管径变为＿＿＿＿＿＿＿，标高从＿＿＿＿＿～＿＿＿＿＿＿ m；最后管径变为＿＿＿＿＿＿＿，标高从＿＿＿＿＿～＿＿＿＿＿＿ m。

3. 支管识图

识读附录 4 的排水详图一和排水详图二，回答以下问题：

（1）本栋楼共有＿＿＿＿＿个卫生间大样，分别为＿＿＿＿、＿＿＿＿、＿＿＿＿、＿＿＿＿卫生间大样。

（2）先识读 A 卫生间大样

1）A 卫生间给水详图包括＿＿＿＿＿张图，分别是平面图和系统图。

2）识读 A 卫生间平面图，结合"一～四层平面图"及"给水管道系统图"可以知道，A 卫生间为女卫生间，位置在①×Ⓑ～Ⓒ区域，楼层在＿＿＿＿～＿＿＿＿层，共＿＿＿＿个 A 卫生间。

3）识读 A 卫生间给水详图，填写管道走向（上、下、左、右、前、后）、管道标高和管径。

从图中可知，JL-1 立管供水到 A 卫生间后，卫生间给水支管分为两路，先看左边这一路，管道向＿＿＿＿＿敷设，到达Ⓑ轴柱子附近，向＿＿＿＿＿敷设，然后向＿＿＿＿＿敷设到墙边，然后向＿＿＿＿＿敷设到Ⓒ轴柱子处，这些管道的标高均为＿＿＿＿＿ m，管径均为＿＿＿＿＿；然后管道向＿＿＿＿＿敷设至标高＿＿＿＿＿ m 处，然后向＿＿＿＿＿敷设一小段，绕过Ⓒ轴柱子后向＿＿＿＿＿敷设至墙边，接着向＿＿＿＿＿敷设一段，给 3 个洗脸盆供水，这部分的管道管径均为＿＿＿＿＿，标高均为＿＿＿＿＿ m，然后，继续向＿＿＿＿＿敷设一段，至拖把池处，即向＿＿＿＿＿敷设至标高＿＿＿＿＿ m，给拖把池供水，这部分的管道管径仍为＿＿＿＿＿。

下面识读 JL-1 右边这一路：管道向＿＿＿＿＿敷设一小段，然后向＿＿＿＿＿敷设一小段，接着沿墙边向＿＿＿＿＿敷设，给 5 个蹲式大便器供水，此部分的管道标高均为＿＿＿＿＿ m，管径均为＿＿＿＿＿。

4）识读 B 卫生间给水详图。B 卫生间为女卫生间，位置在①×Ⓑ～Ⓒ这个区域,楼层在_____层,共_____个B卫生间。

　　JL-1立管供水到B卫生间后,卫生间给水支管分为两路,先看左边这一路,管道向_____敷设一小段,然后向_____敷设一小段,接着向_____敷设,给1个坐式大便器供水,此处还有一个阀门,这部分的管道标高为_____m,管径为_____。然后,管道向_____敷设至标高_____m后,向_____敷设至⑧轴柱子处,然后向_____敷设一段后,向_____敷设,绕过⑧轴柱子后,向_____敷设至墙边,继续向_____敷设至标高_____m时,向_____敷设至ⓒ轴柱子处,即向_____敷设至标高_____m后,向_____敷设绕过ⓒ轴柱子后,向_____敷设至墙边,接着向_____敷设一段,给3个洗脸盆供水,这部分的管道管径均为_____,标高均为_____m,然后,继续向_____敷设一段,至拖把池处,即向_____敷设至标高_____m,给拖把池供水,这部分的管道管径仍为_____。

　　下面识读JL-1右边这一路:管道向_____敷设一小段,然后向_____敷设至墙边,接着,沿墙边向_____敷设,给3个蹲式大便器供水,此部分的管道标高均为_____m,管径均为_____。

　　5)识读C卫生间给水详图。C卫生间为男卫生间,位置在⑩×⑧~ⓒ区域,楼层在_____~_____层,共_____个C卫生间。

　　JL-2立管供水到C卫生间后,卫生间给水支管分为两路,先看蹲式大便器这一路,管道先向_____敷设一小段,然后向_____敷设至墙边,接着,向_____敷设(这部分的管道在轴测图里,只画出直接向后敷设,请结合平面图进行描述),给5个蹲式大便器供水,这部分的管道管径均为_____,标高均为_____m。

　　接着识读另外一路,管道向_____敷设至⑩×⑧轴柱子处,然后向_____敷设一小段,绕过柱子后,向_____敷设至墙边,这一段的管道管径为_____,标高为_____m,接着,管道向_____敷设至标高_____m处,然后,向_____敷设,给5个小便器供水,然后,管道直径变为_____,标高仍为_____m,继续向_____敷设,敷设至⑩×ⓒ轴柱子处后,向_____敷设至标高_____m处,向_____敷设一小段,绕过ⓒ轴柱子后,向_____敷设至墙边,向_____敷设,给3个洗脸盆供水，这部分的管道管径均为_____，标高均为_____ m，然后，继续向_____敷设一段，至拖把池处，即向_____敷设至标高_____ m，给拖把池供水，这部分的管道管径仍为_____。

6）识读 D 卫生间给水详图。D 卫生间为男卫生间，位置在⑩×Ⓑ～Ⓒ区域，楼层在_____层，共_____个 D 卫生间。

JL-2 立管供水到 D 卫生间后，卫生间给水支管分为两路，先看蹲式大便器这一路，管道先向_____敷设一小段，然后向_____敷设至墙边，接着向_____敷设，给 3 个蹲式大便器供水，这部分的管道管径均为_____，标高均为_____ m。

接着识读另外一路，管道向_____敷设一段，布置了 1 个阀门，同时给坐式大便器供水，此段管道管径为_____，标高为_____ m。然后，向_____敷设至标高_____ m 后，向_____敷设至⑩×Ⓑ轴柱子处，管道直径发生变化，从管径_____变为_____，并且向_____敷设至标高_____ m 后，向_____敷设一小段，绕过柱子后，向_____敷设至墙边，然后，沿墙边向_____敷设，给 3 个小便器供水，接着继续向_____敷设至⑩×Ⓒ轴柱子处后，向_____敷设至标高_____ m 后，向_____敷设一小段，绕过Ⓒ轴柱子后，向_____敷设至墙边，向_____敷设，给 3 个洗脸盆供水，这部分的管道管径均为_____，标高均为_____ m，然后，继续向_____敷设一段，至拖把池处，即向_____敷设至标高_____ m，给拖把池供水，这部分的管道管径仍为_____。

1.3.3 给水管道工程量计算

在进行给水管道工程量计算之前，先介绍安装工程量计算的方法，此处安装工程量计算以《通用安装工程工程量计算规范》GB 50856—2013 为依据，如图 1-99 所示，进行分部分项工程量清单的编制。

1. 分部分项工程量清单的编制

"分部分项工程"是"分部工程"和"分项工程"的总称。

"分部工程"是单位工程的组成部分，是按通用安装工程专业及施工特点

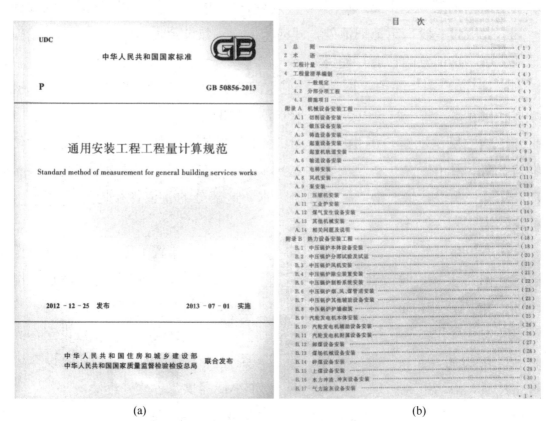

图 1-99 《通用安装工程工程量计算规范》GB 50856—2013

（a）封面；（b）目录

或施工任务将单位工程划分为若干个分部工程。《通用安装工程工程量计算规范》GB 50856—2013 共有 13 个安装分部工程，分别为：附录 A 机械设备安装工程、附录 B 热力设备安装工程、附录 C 静置设备与工艺金属结构制作安装工程、附录 D 电气设备安装工程、附录 E 建筑智能化工程、附录 F 自动化控制仪表安装工程、附录 G 通风空调工程、附录 H 工业管道工程、附录 J 消防工程、附录 K 给排水、采暖、燃气工程、附录 L 通信设备及线路工程、附录 M 刷油、防腐蚀、绝热工程、附录 N 措施项目。

本书进行分部分项工程量清单编制时，主要用到两个分部工程，分别是附录 D 电气设备安装工程和附录 K 给排水、采暖、燃气工程，详见本书附录 2、附录 3。

"分项工程"是分部工程的组成部分。如本书附录 3 中的"K.1 给排水、采暖、燃气管道"分部工程包括镀锌钢管、钢管、不锈钢管、铜管、铸铁管、塑料管、复合管、直埋式预制保温管、承插瓷缸瓦管、承插水泥管、室外管道碰头 11 个分项工程。

分部分项工程量清单应包括序号、项目编码、项目名称、项目特征、计量单位和工程量，见表 1-24。

分部分项工程量清单　　　　　　　表 1-24

序号	项目编码	项目名称	项目特征	计量单位	工程量

（1）项目编码

分部分项工程量清单的项目编码，应采用十二位阿拉伯数字表示，如图 1-100 所示，各位数字的含义是：

第 1 级：一、二位为专业工程代码（01-房屋建筑与装饰工程；02-仿古建筑工程；03-安装工程；04-市政工程；05-园林绿化工程；06-矿山工程；07-构筑物工程；08-城市轨道交通工程；09-爆破工程）；

第 2 级：三、四位为附录分类顺序码；

第 3 级：五、六位为分部工程顺序码；

第 4 级：七、八、九位为分项工程顺序码；

第 5 级：十至十二位为清单项目名称顺序码，由工程量清单编制人根据拟建工程的实际情况编制，从 001 开始，同一招标工程的项目编码不得有重码。

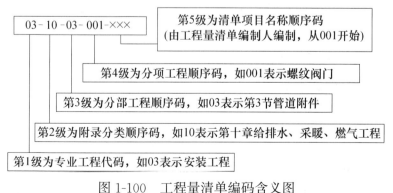

图 1-100　工程量清单编码含义图

在编制工程量清单时应特别注意对项目编码十至十二位的设置不得有重码的规定。

【案例 1】　某项目中的截止阀项目特征一致，有 3 种规格，分别为 $DN50$、$DN40$、$DN25$，它们的项目编码应分别写为 031003001001，031003001002，031003001003，前面九个数字一样，从《通用安装工程工程量计算规范》GB 50856—2013 中查取，后面三个数字不得重码，从 001 开始编写。

【案例 2】　某标段（或合同段）的工程量清单中含有 3 个单位工程，每个单位工程中都有项目特征相同的 $DN50$ 截止阀，在工程量清单中又需反映 3 个不同单位工程的 $DN50$ 截止阀工程量时，则第 1 个单位工程的 $DN50$ 截止阀的项目编码为 031003001001，第 2 个单位工程的 $DN50$ 截止阀的项目编码为 031003001002，第 3 个单位工程的 $DN50$ 截止阀的项目编码为 031003001003，分别列出各单位工程 $DN50$ 截止阀的工程量。

随着工程建设中新材料、新技术、新工艺等的不断涌现，《通用安装工程工程量计算规范》GB 50856—2013 附录中所列的工程量清单项目不可能包含所有项目。在编制工程量清单时，当出现规范附录中未包括的清单项目时，编制人应当补充。在编制补充项目时应注意以下三个方面：

1）补充项目的编码由《通用安装工程工程量计算规范》GB 50856—2013 的代码 03 与 B 和三位阿拉伯数字组成，并应从 03B001 起顺序编制，同一招标工程的项目不得重码。

2）在工程量清单中应附补充项目的项目名称、项目特征、计量单位、工程量技术规则和工作内容。

3）将编制的补充项目报省级或行业工程造价管理机构备案，省级或行业工程造价管理机构应汇总报住房和城乡建设部标准定额研究所。

（2）项目名称

"项目名称"栏应按《通用安装工程工程量计算规范》GB 50856—2013 附录的项目名称结合拟建工程的实际确定。

（3）项目特征

工程量清单的项目特征是确定一个清单项目综合单价不可缺少的重要依据，在编制工程量清单时，必须对项目特征进行准确和全面的描述。但有些项目特征用文字往往难以准确和全面描述。因此，为达到规范、简捷、准确、全面描述项目特征的要求，在描述工程量清单项目特征时应按以下原则进行。

1）项目特征描述的内容应按《通用安装工程工程量计算规范》GB 50856—2013 附录中的规定，结合拟建工程的实际，能满足确定综合单价的需要。

2）在进行项目特征描述时，要掌握以下要点：

① 对于涉及正确计量、结构要求、材质要求和安装方式的内容，必须进行描述。如管道工程中的钢管的连接方式是螺纹连接还是焊接；塑料管是粘接连接还是热熔连接等就必须描述。

② 对计量计价没有实质影响、应由投标人根据施工方案确定、应由投标人根据当地材料和施工要求确定和应由施工措施解决的内容，可不进行描述。

③ 对于无法准确描述、施工图纸和标准图集标注明确的内容等，可不详细描述。

（4）计量单位

1）《通用安装工程工程量计算规范》GB 50856—2013 附录中有两个或两个以上计量单位的，应结合拟建工程项目的实际情况，选择其中一个确定。

2）工程计量时，每一项目汇总工程量的有效位数应遵守下列规定：

① 以"t"为单位，应保留三位小数，第四位小数四舍五入。

② 以"m^3""m^2""m""kg"为单位，应保留两位小数，第三位小数四舍五入。

③ 以"台""个""件""套""根""组""系统"等为单位，应取整数。

（5）工程量的计算

"工程量"应按相关工程的工程量计算规则计算填写。工程量计算规则是指对清单项目工程量计算的规定。除另有说明外，所有清单项目的工程量应以实体工程量为准。

2. 分部分项工程量清单的编制步骤

（1）列项（即列出分项工程的项目编码、项目名称、项目特征、计量单位）。

（2）确定工程量计算规则。

（3）按照规则，依据图纸填列计算式并计算。

（4）汇总并填写工程量。

3. 给水管道工程量清单的编制

【任务】　识读卫生间给水详图（图1-89），假设该项目的给水管道材质为PP-R塑料管，采用热熔连接。编制此卫生间给水管道的工程量清单，将结果填写在分部分项工程量清单中（表1-24）。

【任务演示】

（1）列项

在1.2.3节的识读实训中，识读图1-89可知，该卫生间给水管道的管径有两种，分别是DN25、DN20。

查阅本书附录3的K.1给排水、采暖、燃气管道分部。

塑料管前面9位的项目编码由本书附录3中直接查取，后面3位由编制人从001开始编制，项目名称直接从附录中查取，项目特征按附录提示填写，单位由附录中查取是"m"，列项结果见表1-25。

分部分项工程量清单　　　　　　　　　　　　　　　表 1-25

序号	项目编码	项目名称	项目特征	计量单位	工程量
1	031001006001	塑料管	室内安装，PP-R塑料给水管，DN25，热熔连接，含管道消毒冲洗及试压	m	
2	031001006002	塑料管	室内安装，PP-R塑料给水管，DN20，热熔连接，含管道消毒冲洗及试压	m	

（2）确定工程量计算规则

由本书附录3可查取工程量计算规则如下：管道清单工程量按设计图示管道中心线以长度计算。

工程量计算方法如下：

1）水平段管道的工程量应在平面图上量取，在平面图上量取管道的水平长度时，应事先了解图纸的比例。

2）垂直段的管道在系统图（轴测图）中按照"终点标高－起点标高"的

方法计算。

3）给水管道安装计算到与卫生器具（洗脸盆、洗手盆、洗涤盆、坐便器等）连接的角阀处。

4）计算给水管道工程量时，在实务工作中，分管径，按照引入管→干管→立管→支管的顺序依次计算，最后将相同管径的工程量汇总。

（3）按照规则，依据图纸填列计算式并计算。

计算步骤如下，计算示意如图 1-101 所示（列式时，"→"表示水平敷设的钢管，"↑"表示垂直敷设的钢管）。

1）首先确定平面图的比例：Ⓑ～Ⓒ轴的标注长度为 7200mm，用尺子量取Ⓑ～Ⓒ轴的长度，假设量出来的长度为 45mm，7200÷45＝160，因此，图 1-101 卫生间平面图的实际比例为 1：160。

2）按不同管径分别计算，计算水平段管道时，用尺子量取，最后按实际比例换算成实际长度，垂直段用"终点标高－起点标高"的方法计算：

$DN25$：在平面图里从 JL-1 处起，先计算往左这一路，沿着图中表达管道的粗线量取尺寸，先往左边量 1mm，接着往前量 1mm，最后往左边量 13mm，至①×Ⓑ轴附近的洗脸盆处的管道角阀处，即 1＋1＋13＝15mm，按实际比例换算得实际长度＝15×160＝2400mm。

另外，此段管道在坐式大便器的这一段，标高是 0.25m，到洗脸盆这一段，标高为 0.40m，所以，垂直段长度为：0.40－0.25＝0.15m，由于是垂直向上的管道长度，可表示为↑0.15。

接着量右边这一路：先往后 1mm，接着往右 1mm，再往后量 23.5mm，至最后 1 个蹲便器，即 1＋1＋23.5＝24.5mm，按实际比例换算得实际长度＝24.5×160＝3760mm。

汇总：2.4＋↑0.15＋3.76＝6.31m

$DN20$：从①×Ⓑ轴附近的洗脸盆处的管道角阀处开始，往左 3.5mm，往后 2mm，往左 2mm，往后 39mm 至Ⓒ轴，往右 2mm，往后 3mm，然后往右 17.5mm 给 3 个洗脸盆和 1 个拖把池供水，即 3.5＋2＋2＋39＋2＋3＋17.5＝69mm，按实际比例换算得实际长度＝69×160＝11040mm。

另外，考虑垂直段，在Ⓑ轴从标高 0.40m 到标高 3.60m，在Ⓒ轴从 3.6m 下降到 0.40m，在拖把池处，从 0.40m 上升到 1.0m，用"↑"表示垂直向上的管道长度，用"↓"表示垂直向下的管道，可以表示为↑（3.6－0.4）＋↓（3.6－0.4）＋↑（1－0.4）。

汇总：11.04＋↑（3.6－0.4）＋↓（3.6－0.4）＋↑（1－0.4）＝18.04m

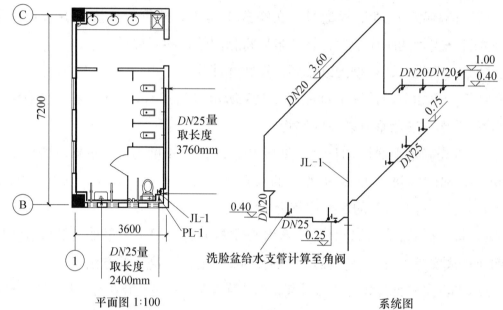

图 1-101 卫生间给水管道工程量计算示意图

（4）汇总并填写工程量。

汇总后将工程量填写到分部分项工程量清单中，结果见表1-26。

分部分项工程量清单   表 1-26

序号	项目编码	项目名称	项目特征	计量单位	工程量
1	031001006001	塑料管	室内安装，PP-R 塑料给水管，DN25，热熔连接，含管道消毒冲洗及试压	m	6.31
2	031001006002	塑料管	室内安装，PP-R 塑料给水管，DN20，热熔连接，含管道消毒冲洗及试压	m	18.04

【任务实训】

实训任务单：编制某教学楼给水管道工程量清单

1. 目的

在教师指导下，参考任务演示，完成下列训练任务，训练学生编制建筑给水管道工程量清单和计算给水管道工程量的实操能力。

2. 工作任务

（1）图纸详见：附录 4 的给水排水施工图。

（2）工作任务：识读图纸，根据给水管道列项和计算方法，编制以下项目的工程量清单。

1）计算引入管工程量。

2）计算立管工程量。

3）计算 A、B、C、D 卫生间给水支管工程量。

3. 工作成果

将列项及工程量计算结果请填入分部分项工程量清单中（表 1-24）。

任务 1.4　排水管道安装、识图及算量

1.4.1　排水管道安装的施工工艺

1. 建筑生活污水排水管道安装

（1）管道安装工艺流程

室内排水系统管道安装根据图纸要求并结合实际情况，按预留口位置测量尺寸，绘制加工草图。其工艺流程为：安装准备→预制加工→干管安装→立管安装→支管安装→卡件固定→封口堵洞→闭水试验→通水试验。

（2）排水管道安装要求

1）排出管

排出管一般铺设在地下室或地下。排出管穿过地下室外墙或地下构筑物的墙壁时应设置防水套管；穿过承重墙或基础处应预留孔洞，管顶上部净空不得小于建筑物的沉降量，一般不宜小于 0.15m，并做好防水处理。

排出管与室外排水管连接处设置检查井。一般检查井中心至建筑物外墙的距离不小于 3m，不大于 10m。

排出管在隐蔽前必须做灌水试验,其灌水高度应不低于底层卫生器具的上边缘或底层地面的高度。检验方法:灌满水15min,水面下降后,再灌满水观察5min,液面不下降,管道及接口无渗漏为合格。

2)排水立管、水平干管的通球试验

排水立管通常沿卫生间墙角敷设,不宜设置在与卧室相邻的内墙,宜靠近外墙。立管穿楼板时,应预留孔洞。

排水立管及水平干管应做通球试验,通球球径不小于排水管管径的2/3,通球率必须达到100%。

具体做法:球从最上层的检查口中扔进去,然后用水冲,如果管道畅通,球就从系统末端随水流出来。为了防止管道堵塞和预测管道堵塞位置,球根部可以用施工线拴住,如果堵塞的话,就可以顺着线将球扯出来,另外根据线的长度来大概确定堵塞的位置,然后进行检修。

3)排水横支管

一层的排水横支管敷设在地下或地下室的顶棚下,其他层的排水横支管在下一层的顶棚下明设,有特殊要求时也可以暗设。排水管道的横支管与立管连接,宜采用45°斜三通或45°斜四通和顺水三通或顺水四通。卫生器具排水管与排水横支管连接时,宜采用90°斜三通。排水横支管、立管应做灌水试验。

4)生活污水铸铁管

生活污水铸铁管道的坡度必须符合设计或表1-27的规定。

生活污水铸铁管道的坡度 表1-27

项次	管径(mm)	标准坡度(‰)	最小坡度(‰)
1	50	35	25
2	75	25	15
3	100	20	12
4	125	15	10
5	150	10	7
6	200	8	5

5)UPVC排水塑料管

管道可以明装或暗装。管道埋地铺设时,先做室内部分,将管子伸出外墙250mm以上。待土建施工结束后,再铺设室外部分,将管子接入检查井。埋地管穿越地下室外墙时，应采用防水措施。

UPVC 排水管由于受温度影响大，膨胀系数大，每层立管及较长的横管上均要求设置伸缩节，如设计无要求时，伸缩节间距不得大于 4m。

排水塑料管道支、吊架最大间距应符合表 1-28 的规定。

排水塑料管道支、吊架最大间距　　　　　　　　　　　表 1-28

管径(mm)	50	75	110	125	160
立管支、吊架最大间距	1.2	1.5	2.0	2.0	2.0
横管支、吊架最大间距	0.5	0.75	1.10	1.30	1.60

高层建筑物内管径大于等于 110mm 的明设立管以及穿越墙体处的横管应按设计要求设置阻火圈或防火套管，见图 1-102、图 1-103。阻火圈或防火套管主要由金属外壳和热膨胀芯材组成，安装时套在 UPVC 管的管壁上，固定于楼板或墙体部位。发生火灾时，阻火圈内芯材受热后急剧膨胀，并向内挤压塑料管壁，在短时间内封堵住洞口，起到阻止火势蔓延的作用。

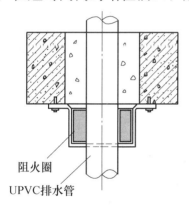

阻火圈

UPVC排水管

明装示意图

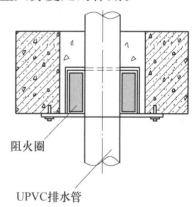

阻火圈

UPVC排水管

暗装示意图

阻火圈

图 1-102　阻火圈安装示意图

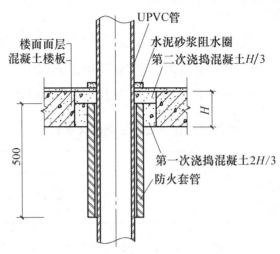

图 1-103　防火套管安装示意图

生活污水塑料管道的坡度必须符合设计或表 1-29 的规定。

生活污水塑料管道的坡度　　　　　　　表 1-29

项次	管径(mm)	标准坡度(‰)	最小坡度(‰)
1	50	25	12
2	75	15	8
3	110	12	6
4	125	10	5
5	160	7	4

6）金属排水管道

金属排水管道上的吊钩或卡箍应固定在承重结构上。固定件间距：横管不大于 2m；立管不大于 3m。楼层高度小于或等于 4m，立管可安装 1 个固定件。立管底部的弯管处应设支墩或采取固定措施。

7）检查口和清扫口

在生活污水管道上设置检查口或清扫口。检查口带有可开启检查盖的配件，装设在排水立管上，作检查和清通之用，清扫口一般装设在排水横管的始端。对于检查口和清扫口，当设计无要求时应符合下列规定：

① 立管上应每隔一层设置一个检查口，但在最底层和设有卫生器具的最高层必须设置检查口。立管上如有乙字弯管，则在该层乙字弯管的上部应设检查口。检查口中心距操作地面的高度一般为 1m，如图 1-104 所示，允许偏差

±20mm；检查口的朝向应便于检修。暗装立管，在检查口处应安装检修门。

图 1-104　检查口

②　在连接 2 个及以上大便器或 3 个及以上卫生器具的污水横管上应设置清扫口。当污水管在楼板下悬吊敷设时，可将清扫口设在上一层楼地面上，污水管起点的清扫口与管道相垂直的墙面距离不得小于 200mm；若污水管起点设置堵头代替清扫口时，与墙面距离不得小于 400mm。

③　在转角小于 135°的污水横管的直线管段，应按一定距离设置检查口或清扫口。污水横管上如设清扫口，应将清扫口设置在楼板或地坪上，与地面相平。

④　埋在地下或地板下的排水管道的检查口应设在检查井内。井底表面标高与检查口的法兰相平，井底表面应有 5% 坡度，坡向检查口。

8）排水通气管

排水通气管不得与风道或烟道连接，且符合下列规定：

①　伸顶通气管应高出屋面不得小于 0.3m，且必须大于最大积雪厚度。

②　在通气管口周围 4m 以内有门窗时，通气管口应高出门窗顶 0.6m 或引向无门窗一侧。

③　在经常有人停留的平屋面上，通气管口应高出屋面 2.0m，并根据防雷要求设置防雷装置（图 1-105）。

④　屋顶有隔热层应从隔热层板面算起。伸顶通气管的管径不小于排水立管的管径。但是在最冷月平均气温低于 -13℃ 的地区，应在室内平顶或顶棚以下处，将管径放大一级。

⑤ 对卫生要求较高的排水系统，宜设置器具通气管，器具通气管设在存水弯出口端。连接 4 个及以上卫生器具并与立管的距离大于 12m 的污水横支管和连接 6 个及以上大便器的污水横支管应设环形通气管。

图 1-105 伸顶通气管

2. 屋面雨水排水系统的安装

（1）雨水管道宜使用塑料管、铸铁管、镀锌和非镀锌钢管或混凝土管等。

（2）悬吊式雨水管道应选用钢管、铸铁管或塑料管。易受振动的雨水管道（如锻造车间等）应使用钢管。

（3）雨水管道不得与生活污水管道相连接。

（4）雨水斗管的连接应固定在屋面承重结构上。雨水斗边缘与屋面相连处应严密不漏。连接管管径当设计无要求时，不得小于 100mm。

（5）室内的雨水管道安装后应做灌水试验，灌水高度必须到达每根立管上部的雨水斗。

（6）雨水管道如采用塑料管，其伸缩器安装应符合设计要求。

（7）悬吊式雨水管道的敷设坡度不得小于 5‰；埋地雨水管道的最小坡度应符合表 1-30 的规定。

地下埋设雨水排水管道的最小坡度   表 1-30

管径(mm)	最小坡度(‰)	管径(mm)	最小坡度(‰)
50	20	125	6
75	15	150	5
100	8	200~400	4

1.4.2 排水管道识图

码1-10 排水管道识图及算量

排水管道识图宜从水流出的方向开始，识图顺序为：器具排水管→排水横支管→立管→排出管。

实训任务单：某教学楼排水施工图识读

1. 目的

在教师指导下，从相关工程项目的施工图中获取信息，完成学习情境引导文的节点训练任务，培养学生建筑排水施工图识读的实操能力。

2. 工作任务

（1）图纸详见：附录 4 给水排水施工图。

（2）工作任务：识读图纸，根据建筑排水系统的基本知识，完成学习情境引导文的解答。

【学习情境引导文】

1. 支管识图

识读附录 4 的排水详图一、排水详图二，回答以下问题：

（1）识读设计说明可知，排水管的材质为_____，连接方式为_____。

（2）识读 A 卫生间排水详图可知，从ⓒ轴处起，顺着水流动的方向看，1 个清扫口、3 个洗脸盆、1 个拖把池、1 个地漏的排水支管管径均为_____，一直到蹲式大便器处，5 个蹲式大便器的排水支管管径均为_____，在蹲式大便器末尾处有 1 个地漏，地漏的排水支管管径为_____，所有排水横支管的标高均为_____m，排水横支管的污水排至立管，该排水立管序号为_____。

（3）识读 B 卫生间排水详图可知，有两路排水支管，先从ⓒ轴处起，顺着水流动的方向看，1 个清扫口、3 个洗脸盆、1 个拖把池、1 个地漏的排水支管管径均为_____，一直到蹲式大便器处，3 个蹲式大便器的排水支管管径均为_____，一直排到坐式大便器旁边的排水立管处，排水立管的序号为_____。另一路从①轴×Ⓑ轴附近的地漏开始，1 个地漏和 1 个洗脸盆的排水支管管径均为_____，1 个坐式大便器的排水支管管径为_____，此处①轴×Ⓑ轴附近从地漏到坐式大便器之间的排水横支管管径为_____，一直排到 $DN100$ 的排水支管处，由 $DN100$ 的支管将污水排至排水立管，它的序号为_____。所有排水横支管的标高均为_____m。

（4）识读 C 卫生间排水详图可知，有两路排水支管，先从Ⓒ轴处起，顺着水流动的方向看，1 个清扫口、3 个洗脸盆、1 个拖把池、1 个地漏的排水支管管径均为_____，一直到蹲式大便器处，5 个蹲式大便器的排水支管管径均为_____，一直排到立管处，立管的序号为_____。另一路，从小便器的地漏开始，1 个地漏的排水支管管径为_____，5 个小便器的排水支管管径为_____，此地漏到小便器之间的排水横支管管径均为_____，一直到 DN100 的排水支管处，最后排至立管 PL-2 处，另外，在靠近Ⓑ轴的末端小便器附近还有 1 个地漏，它的排水立支管管径为_____。所有排水横支管的标高均为_____m。

（5）识读 D 卫生间排水详图可知，有两路排水支管，先从Ⓒ轴处起，顺着水流动的方向看，1 个清扫口、3 个洗脸盆、1 个拖把池、1 个地漏的排水支管管径均为_____，一直到蹲式大便器处，3 个蹲式大便器的排水支管管径均为_____，一直排到立管处，立管的序号为_____。另一路，从小便器的地漏开始，1 个地漏的排水支管管径为_____，3 个小便器的排水支管管径为_____，此地漏到小便器之间的排水横支管管径均为_____，污水一直流到 DN100 的排水支管处，最后流至立管 PL-2 处，另外，此路排水支管从小便器出来到Ⓑ轴附近，有一个地漏，此地漏排水立支管管径为_____，然后到 1 个洗脸盆，它的排水支管管径为_____，然后到 1 个坐式大便器处，它的排水支管管径为_____。所有排水横支管的标高均为_____m。

2. 立管识图

阅读附录 4 的排水管道系统图→排水详图一、排水详图二→ 一～四层平面图，回答以下问题：

（1）本栋楼的排水系统共有 2 根立管，立管 PL-1 敷设在____卫生间，立管 PL-2 敷设在_____卫生间。（填写"男"或者"女"）

（2）排水立管的起点标高均为_____m，终点标高均为_____m，在终点标高处伸出外墙去接透气帽。

3. 排出管识图

阅读附录 4 的一层平面图，回答以下问题：

PL-1 排出管敷设在①轴和②轴间，埋深为_____m，PL-2 排出管敷设在⑨轴和⑩轴间，埋深为_____m。

码1-11
第1.4.2节
学习情境
引导文参
考答案

1.4.3 排水管道工程量计算

【任务】 排水管道工程量清单的编制

识读卫生间排水详图（图 1-106），假设该项目的排水管道采用 PVC-U 塑料管，安装方式为承插粘接，同时假设图 1-106 的卫生间与图 1-89 的卫生间是一个标段的。编制此卫生间排水管道的工程量清单，将结果填写在分部分项工程量清单中（表 1-24）。

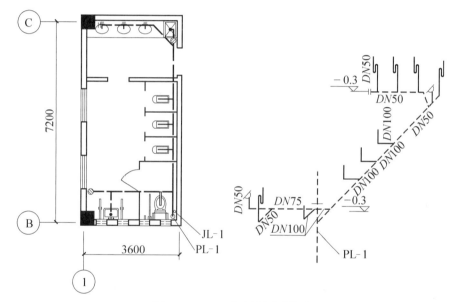

图 1-106　卫生间排水详图

【任务演示】

（1）列项

识读图 1-106，该卫生间排水管道为 PVC-U 塑料管，管径有三种，分别是 $DN100$、$DN75$、$DN50$。

查阅本书附录 3 的 K.1 给排水、采暖、燃气管道。

塑料管前面 9 位的项目编码由附录直接查取，后面 3 位由编制人从 001 开始编制，由于本任务假设图 1-106 的卫生间与图 1-89 的卫生间是一个标段的，项目编码不能重码，图 1-89 卫生间已经编写了两种给水塑料管安装的项目编码，此处编写排水塑料管安装时，项目编码从 003 开始编写。

结果见表 1-31。

分部分项工程量清单　　　　　　　　　　　表 1-31

序号	项目编码	项目名称	项目特征	计量单位	工程量
1	031001006003	塑料管	室内安装，PVC-U塑料排水管，$DN100$，承插粘接	m	
2	031001006004	塑料管	室内安装，PVC-U塑料排水管，$DN75$，承插粘接	m	
3	031001006005	塑料管	室内安装，PVC-U塑料排水管，$DN50$，承插粘接	m	

（2）确定工程量计算规则

由本书附录 3 可查取工程量计算规则为：管道清单工程量按设计图示管道中心线以长度计算。

工程量计算方法如下：

1）水平段管道的工程量应在平面图上量取，在平面图上量取管道的水平长度时，应先了解图纸的比例。

2）垂直段的管道在系统图（轴测图）中按照"终点标高－起点标高"的方法计算。

3）卫生洁具的排水管道安装计算至楼地面。

4）计算排水管道工程量时，分管径，按照卫生间支管→立管→排出管的顺序依次计算，最后将相同管径的工程量汇总。

（3）按照规则，依据图纸填列计算式并计算。

计算步骤如下，计算示意图见图 1-107。

1）首先确定平面图的比例：Ⓑ～Ⓒ轴的标注长度为 7200mm，用尺子量取Ⓑ～Ⓒ轴的长度，假设量出来的长度为 57mm，$7200 \div 57 = 126$。因此，图 1-107 卫生间平面图的实际比例为 1∶126。

2）按不同管径分别计算，计算水平段管道时，用尺子量取，最后按实际

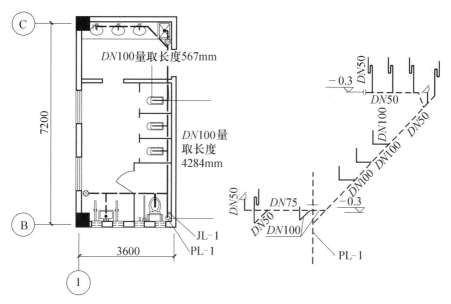

图 1-107　卫生间排水管道工程量计算示意图

比例换算成实际长度，垂直段用"终点标高－起点标高"的方法计算：

$DN100$：在平面图里，以距离Ⓑ轴最远的蹲式大便器为起点，向前方量至 PL 1 的圆圈中心，量取尺寸为 34mm，实际尺寸为 $34 \times 126 = 4284$mm；然后，在平面图中量取单个蹲式大便器前端点到刚才量取的支管交点之间的距离，量取尺寸为 4.5mm，实际尺寸为 $4.5 \times 126 = 567$mm；还有，从Ⓑ轴附近的坐式大便器图中的端点起，量至 $DN75$ 支管交点处，量取尺寸为 4mm，实际尺寸为 $4 \times 126 = 504$mm。

另外，根据计算规则，卫生洁具的排水管道安装计算至楼地面，因此 3 个蹲式大便器和 1 个坐式大便器的垂直段长度分别为 0.3m（因为排水横支管的标高均为－0.3m）。

汇总：$4.284 + 0.567 \times 3 + 0.504 + {\uparrow} 0.3 \times 4 = 7.689$m ≈ 7.70m（"↑"表示垂直向上的管道）

$DN75$：在平面图里，以Ⓑ轴附近地漏的圆圈为起点，量至与 $DN100$ 的支管交点处，量取尺寸为 25mm，实际尺寸即为 $25 \times 126 = 3150$mm，即 3.15m。

$DN50$：在平面图里，以Ⓒ轴处的清扫口为起点，向右量取尺寸 17mm，然后量取斜的一段，尺寸为 8mm；下面以拖把池的中心点为起点，向右一小段，量那一小段的尺寸为 1mm，接着向前量尺寸，量至最靠近的蹲便器支管交点处，量取尺寸为 20mm；最后，以 ⑧ 轴处的洗脸盆的中心点为起点，量取至 DN75 支管交点处的尺寸，量取尺寸为 6mm；即 17＋8＋1＋20＋6＝52mm，按实际比例换算得到实际长度＝52×126＝6552mm。

垂直段的长度，1 个清扫口、4 个洗脸盆、1 个拖把池、2 个地漏的垂直段支管长度均为 0.3m（因为排水横支管的标高均为 -0.3m）。

汇总：6.552＋↑0.3×8＝8.95m（"↑" 表示垂直向上的管道）

（4）汇总并填写工程量。

汇总后将工程量填写到分部分项工程量清单中，结果见表 1-32。

分部分项工程量清单　　　　　　　　　表 1-32

序号	项目编码	项目名称	项目特征	计量单位	工程量
1	031001006003	塑料管	室内安装，PVC-U 塑料排水管，DN100，承插粘接	m	7.70
2	031001006004	塑料管	室内安装，PVC-U 塑料排水管，DN75，承插粘接	m	3.15
3	031001006005	塑料管	室内安装，PVC-U 塑料排水管，DN50，承插粘接	m	8.95

【任务实训】

实训任务单：编制某教学楼排水管道工程量清单

1. 目的

在教师指导下，参考任务演示，完成下列训练任务，训练学生编制建筑排水管道工程量清单和计算排水管道工程量的实操能力。

2. 工作任务

（1）图纸详见：附录 4 的给水排水施工图。

（2）工作任务：识读图纸，根据排水管道列项和计算方法，编制以下项目的工程量清单。

1）计算 A、B、C、D 卫生间排水支管工程量。

2）计算排水立管 PL-1 和 PL-2 的工程量。

3）计算排出管 PL-1 和 PL-2 的工程量。

3. 工作成果

将列项及工程量计算结果填入分部分项工程量清单中（表 1-24）。

任务 1.5　阀门安装、识图及算量

1.5.1　阀门、水表安装

1. 阀门安装

阀门安装前，应做强度试验和严密性试验。试验应在每批（同牌号、同型号、同规格）数量中抽查 10%，且不少于 1 个。对于安装在主干管上起切断作用的闭路阀门，应逐个做强度试验和严密性试验。

阀门的强度试验要求阀门在开启状态下进行，检查阀门外表面的渗漏情况。阀门的严密性试验要求阀门在关闭状态下进行，检查阀门密封面是否渗漏。

阀门的强度和严密性试验应符合以下规定：阀门的强度试压压力为公称压力的 1.5 倍；严密性试验压力为公称压力的 1.1 倍；试验压力在试验持续时间内应保持不变，且壳体填料及阀瓣密封面无渗漏。阀门试压的试验持续时间应不少于表 1-33 的规定。

阀门试验持续时间　　　　　　　　　　表 1-33

公称直径 DN（mm）	最短试验持续时间（s）		
	严密性试验		强度试验
	金属密封	非金属密封	
≤50	15	15	15
65~200	30	15	60
250~450	60	30	180

2. 水表安装

水表应安装在查看方便、不受曝晒、不受污染和不易损坏的地方；安装螺翼式水表时，表前阀门应用不小于 8 倍水表接口直径的直线管段。表外壳距墙表面净距为 10～30mm；水表进水口中心标高按设计要求控制。

水表应水平安装，并使水表外壳上的箭头方向与水流方向一致，切勿装反；水表前后应装设阀门；对于不允许停水或没有消防管道的建筑，还应设旁通管，此时水表后侧要装止回阀；旁通管上的阀门应设有铅封。为减少水头损失并保证表前管内水流的直线流动，表前检修阀门宜采用闸阀。住宅中的分户水表，可不设表后检修阀门及专用泄水装置，水表安装图见图 1-108。

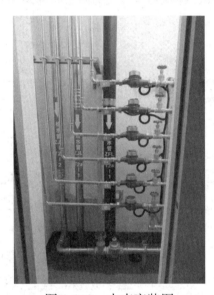

图 1-108　水表安装图

1.5.2　阀门识图

实训任务单：某教学楼阀门识读

1. 目的

在教师指导下，从相关工程项目的施工图中获取信息，完成学习情境引导文的节点训练任务，培养学生从建筑给水排水施工图中识读阀门的实操能力。

2. 工作任务

（1）图纸详见：附录 4 的给水排水施工图。

（2）工作任务：识读图纸，根据建筑给水阀门的基本知识，完成学习情境引导文。

【学习情境引导文】

阀门识图

阅读相关图纸，回答以下问题：

（1）先看设计说明，本项目给水管道上的阀门，管径小于等于 $DN50$ 的采用＿＿＿＿＿＿＿＿＿＿＿；管径大于 $DN50$ 的采用＿＿＿＿＿＿＿＿＿＿＿＿＿＿；管道的压力等级均要求为＿＿＿＿＿＿＿＿MPa。

了解阀门的相关图例，铜质柱塞阀的图例是＿＿＿＿＿＿（提示：铜质柱塞阀属于内螺纹连接的截止阀）。

（2）然后，识读给水管道系统图，在 JI-1 立管图中，有 1 个截止阀，它的直径为＿＿＿＿＿＿，控制 JL-1 立管的开关；在 JL-2 立管图中，有 1 个截止阀，它的直径为＿＿＿＿＿＿，控制 JL-2 立管的开关。

（3）识读各卫生间给水详图：

A 卫生间给水详图里，$DN25$ 截止阀有＿＿＿＿＿＿个，$DN20$ 截止阀有＿＿＿＿＿＿个；

B 卫生间给水详图里，$DN25$ 截止阀有＿＿＿＿＿＿个；

C 卫生间给水详图里，$DN25$ 截止阀有＿＿＿＿＿＿个；

D 卫生间给水详图里，$DN25$ 截止阀有＿＿＿＿＿＿个，$DN20$ 截止阀有＿＿＿＿＿＿个。

码1-13
第1.5.2节
学习情境
引导文参
考答案

1.5.3　阀门工程量计算

【任务】　阀门工程量清单的编制

识读附录 4 的给水排水施工图中的阀门。编制 $DN25$ 截止阀的工程量清单，将结果填写在分部分项工程量清单中（表 1-24）。

【任务演示】

（1）列项

由前面阀门识图可知某教学楼 A、B、C、D 卫生间中都安装了 DN25 的截止阀。

查阅附录3的 K.3 管道附件分部。

本任务的 DN25 阀门是 U11S-16Q 型铜质柱塞阀，属于内螺纹连接的截止阀，因此项目编码的前面9位数，直接从附录中查取，为 031003001，后面3位由编制人从 001 开始编制，结果见表 1-34。

分部分项工程量清单 表 1-34

序号	项目编码	项目名称	项目特征	计量单位	工程量
1	031003001001	螺纹阀门	截止阀 DN25，PN＝1.0MPa 螺纹连接	个	

（2）确定工程量计算规则

由本书附录3可查取工程量计算规则为：阀门清单工程量按设计图示数量计算。

（3）按照规则，依据图纸填列计算式并计算。

根据阀门识图任务，卫生间 A、B、C、D 都有 DN25 的截止阀，汇总如下：

1×3 间(A 卫生间)＋2(B 卫生间)＋2×3 间(C 卫生间)＋1(D 卫生间)＝12 个

（4）汇总并填写工程量。

汇总后将工程量填写到分部分项工程量清单中，结果见表 1-35。

分部分项工程量清单 表 1-35

序号	项目编码	项目名称	项目特征	计量单位	工程量
1	031003001001	螺纹阀门	截止阀 DN25，PN＝1.0MPa 螺纹连接	个	12

【任务实训】

实训任务单：编制某教学楼阀门工程量清单

1. 目的

在教师指导下，参考任务演示，完成下列训练任务，训练学生编制建筑给水排水工程阀门工程量清单和计算阀门工程量的实操能力。

2. 工作任务

（1）图纸详见：附录 4 的给水排水施工图。

（2）工作任务：识读图纸，编制该教学楼的阀门工程量清单（提示：按阀门的不同直径，列项、计算并汇总阀门的数量）。

3. 工作成果

将列项及工程量计算结果填入分部分项工程量清单中（表 1-24）。

任务 1.6　套管识图及算量

1.6.1　套管识图

实训任务单：某教学楼套管识读

1. 目的

在教师指导下，从相关工程项目的施工图中获取信息，完成学习情境引导文的节点训练任务，培养学生从建筑给水施工图中识读套管的实操能力。

2. 工作任务

（1）图纸详见：附录 4 的给水排水施工图。

（2）工作任务：识读图纸，根据建筑给水排水套管的基本知识，完成学习情境引导文。

【学习情境引导文】

套管识图

阅读相关图纸，回答以下问题：

（1）先识读设计说明，管道穿过_____，应预埋_____的钢套管。

（2）识读给水管道系统图，按管径统计钢套管数量：

1）穿楼板 $DN65$ 钢套管：JL-2 立管穿越楼板处应选用 $DN65$ 钢套管_____个。

2）穿楼板 $DN50$ 钢套管：JL-1 立管穿越楼板处应选用 $DN50$ 钢套管_____个，JL-2 立管穿越楼板处应选用 $DN50$ 钢套管_____个。

3）穿墙 $DN65$ 钢套管：JL-2 引入管穿墙处需要设置 $DN65$ 钢套管_____个。

4）穿墙 $DN50$ 钢套管：JL-1 引入管穿墙处需要设置 $DN50$ 钢套管_____个。

5）穿墙 $DN25$ 钢套管：A 卫生间（3 间），每间要设置_____个；

B 卫生间，每间要设置_____个；

C 卫生间，每间要设置_____个；

D 卫生间（3 间），每间要设置_____个；

合计：_____个。

码1-14
第1.6.1节
学习情境
引导文参
考答案

1.6.2　套管工程量计算

【任务】　套管工程量清单的编制

识读附录 4 的给水排水施工图中的套管。编制 $DN50$ 钢套管的工程量清单，将结果填写在分部分项工程量清单中（表 1-24）。

【任务演示】

(1) 列项

由 1.6.1 套管识图可知某教学楼穿楼板处、穿墙处均有敷设 $DN50$ 钢套管的情况,列项时分别编写。

查阅本书附录 3 的 K.2 支架及其他。

本任务的 $DN50$ 钢套管,项目编码的前面 9 位数,直接从附录中查取,为 031002003,后面 3 位由编制人从 001 开始编制,结果见表 1-36。

分部分项工程量清单   表 1-36

序号	项目编码	项目名称	项目特征	计量单位	工程量
1	031002003001	套管	穿楼板钢套管制作安装,$DN50$	个	
2	031002003002	套管	穿墙钢套管制作安装,$DN50$	个	

(2) 确定工程量计算规则

由本书附录 3 可查取工程量计算规则为:套管清单工程量按设计图示数量计算。

(3) 按照规则,依据图纸填列计算式并计算。

根据套管识图任务,工程量汇总如下:

穿楼板 $DN50$ 钢套管:4 个 (JL-1 立管)+2 个 (JL-2 立管)=6 个

穿墙 $DN50$ 钢套管:1 个 (JL-1 引入管)

(4) 汇总并填写工程量。

汇总后将工程量填写到分部分项工程量清单中,结果见表 1-37。

分部分项工程量清单   表 1-37

序号	项目编码	项目名称	项目特征	计量单位	工程量
1	031002003001	套管	穿楼板钢套管制作安装,$DN50$	个	6
2	031002003002	套管	穿墙钢套管制作安装,$DN50$	个	1

【任务实训】

实训任务单：编制某教学楼套管工程量清单

1. 目的

在教师指导下，参考任务演示，完成下列训练任务，训练学生编制建筑给水排水工程套管工程量清单和计算套管工程量的实操能力。

2. 工作任务

（1）图纸详见：附录 4 的给水排水施工图。

（2）工作任务：识读图纸，编制该教学楼的套管工程量清单（提示：按套管的不同直径，列项、计算并汇总套管的数量）。

3. 工作成果

将列项及工程量计算结果填入分部分项工程量清单中（表 1-24）。

任务 1.7　卫生洁具识图及算量

1.7.1　卫生洁具识图

码1-15
卫生洁具
识图及
算量

实训任务单：某教学楼卫生洁具识读

1. 目的

在教师指导下，从相关工程项目的施工图中获取信息，完成学习情境引导文的节点训练任务，培养学生从建筑给水施工图中识读卫生洁具的实操能力。

2. 工作任务

（1）图纸详见：附录 4 的给水排水施工图。

（2）工作任务：识读图纸，根据建筑给水排水卫生洁具的基本知识，完成学习情境引导文。

【学习情境引导文】

卫生洁具识图

阅读相关图纸，回答以下问题：

（1）先识读设计说明中卫生洁具的图例，结合卫生间给水详图、排水详图，可以了解本栋楼有以下卫生洁具：_____、_____、

_____、_____、_____、_____、

_____以及各卫生间拖把池处独立安装的排水栓（带存水弯）和水嘴（也叫水龙头）。

（2）阅读一～四层平面图，结合卫生间给水详图、排水详图，进行卫生洁具数量的统计工作：

1）蹲式大便器：A 卫生间的数量为_____间，每个 A 卫生间里有蹲式大便器_____组；B 卫生间的数量为_____间，每个 B 卫生间里有蹲式大便器_____组；C 卫生间的数量为_____间，每个 C 卫生间里有蹲式大便器_____组；D 卫生间的数量为_____间，每个 D 卫生间里有蹲式大便器_____组；因此，合计数量为：_____组；

2）坐式大便器：B 卫生间的数量为_____间，每个 B 卫生间里有坐式大便器_____组；D 卫生间的数量为_____间，每个 D 卫生间里有坐式大便器_____组；因此，合计数量为：_____组；

3）挂式小便器：C 卫生间的数量为_____间，每个 C 卫生间里有挂式小便器_____组；D 卫生间的数量为_____间，每个 D 卫生间里有挂式小便器_____组；因此，合计数量为：_____组；

4）台式洗脸盆：A 卫生间的数量为_____间，每个 A 卫生间里有台式洗脸盆_____组；B 卫生间的数量为_____间，每个 B 卫生间里有台式洗脸盆_____组；C 卫生间的数量为_____间，每个 C 卫生间里有台式洗脸盆_____组；D 卫生间的数量为_____间，每个 D 卫生间里有台式洗脸盆_____组；因此，合计数量为：_____组；

5）立柱式洗脸盆：B 卫生间的数量为_____间，每个 B 卫生间里有立柱

式洗脸盆_____组；D 卫生间的数量为_____间，每个 D 卫生间里有立柱式洗脸盆_____组；因此，合计数量为：_____组；

6）DN50 地漏：A 卫生间的数量为_____间，每个 A 卫生间里有 DN50 地漏_____个；B 卫生间的数量为_____间，每个 B 卫生间里有 DN50 地漏_____个；C 卫生间的数量为_____间，每个 C 卫生间里有 DN50 地漏_____个；D 卫生间的数量为_____间，每个 D 卫生间里有 DN50 地漏_____个；因此，合计数量为：_____个；

7）DN50 清扫口：A 卫生间的数量为_____间，每个 A 卫生间里有 DN50 清扫口_____个；B 卫生间的数量为_____间，每个 B 卫生间里有 DN50 清扫口_____个；C 卫生间的数量为_____间，每个 C 卫生间里有 DN50 清扫口_____个；D 卫生间的数量为_____间，每个 D 卫生间里有 DN50 清扫口_____个；因此，合计数量为：_____个；

8）拖把池处的 DN32 排水栓（带存水弯）：A 卫生间的数量为_____间，每个 A 卫生间里有排水栓（带存水弯）_____个；B 卫生间的数量为_____间，每个 B 卫生间里有排水栓（带存水弯）_____个；C 卫生间的数量为_____间，每个 C 卫生间里有排水栓（带存水弯）_____个；D 卫生间的数量为_____间，每个 D 卫生间里有排水栓（带存水弯）_____个；因此，合计数量为：_____个；

9）拖把池处的水嘴：A 卫生间的数量为_____间，每个 A 卫生间里有水嘴_____个；B 卫生间的数量为_____间，每个 B 卫生间里有水嘴_____个；C 卫生间的数量为_____间，每个 C 卫生间里有水嘴_____个；D 卫生间的数量为_____间，每个 D 卫生间里有水嘴_____个；因此，合计数量为：_____个。

码1-16 第1.7.1节 学习情境 引导文参 考答案

1.7.2　卫生洁具工程量计算

【任务】　卫生洁具工程量清单的编制

识读附录 4 的给水排水施工图中的卫生洁具，编制大便器、地漏、排水栓（带存水弯）的工程量清单，将结果填写在分部分项工程量清单中（表 1-24）。

【任务演示】

（1）列项

从 1.7.1 卫生洁具识图中可知，某教学楼中的大便器有两种，蹲式大便器和坐式大便器；A、B、C、D 卫生间都安装了 DN50 的地漏，这四种卫生间的拖把池处都安装了 DN32 排水栓（带存水弯）。

查阅本书附录 3 的 K.4 卫生器具。

本任务的大便器项目编码的前面 9 位数为 031004006，蹲式大便器和坐式大便器后面 3 位不同，分别为 001、002。

根据附录 3 的表 K.4 的附注 5，给、排水附（配）件是指独立安装的水嘴、地漏、地面扫除口等，本任务的 DN50 地漏、DN32 排水栓（带存水弯）都按照 031004014 进行编码。

结果见表 1-38。

分部分项工程量清单　　　　　　　　　　　表 1-38

序号	项目编码	项目名称	项目特征	计量单位	工程量
1	031004006001	大便器	蹲式大便器，配 DN25 自闭式冲洗阀	组	
2	031004006002	大便器	坐式大便器，水箱冲洗	组	
3	031004014001	给、排水附（配）件	地漏 DN50	个	
4	031004014002	给、排水附（配）件	DN32 排水栓（带存水弯）	组	

（2）确定工程量计算规则

由本书附录 3 可查取工程量计算规则为：大便器、地漏、排水栓清单工程量均按设计图示数量计算。

（3）按照规则，依据图纸填列计算式并计算。

根据 1.7.1 卫生器具识图，将工程量汇总如下：

蹲式大便器：5×3 间（A 卫生间）＋3（B 卫生间）＋5×3 间（C 卫生间）＋3（D 卫生间）＝36 组

坐式大便器：1（B 卫生间）＋1（D 卫生间）＝2 组

地漏 $DN50$：2×3 间（A 卫生间）＋2（B 卫生间）＋3×3 间（C 卫生间）＋3（D 卫生间）＝20 个

$DN32$ 排水栓（带存水弯）：1×3 间（A 卫生间）＋1（B 卫生间）＋1×3 间（C 卫生间）＋1（D 卫生间）＝8 组

（4）汇总并填写工程量。

汇总后将工程量填写入分部分项工程量清单中，结果见表 1-39。

分部分项工程量清单　　　　　　　　　　　　　　表 1-39

序号	项目编码	项目名称	项目特征	计量单位	工程量
1	031004006001	大便器	蹲式大便器，配 $DN25$ 自闭式冲洗阀	组	36
2	031004006002	大便器	坐式大便器，水箱冲洗	组	2
3	031004014001	给、排水附（配）件	地漏 $DN50$	个	20
4	031004014002	给、排水附（配）件	$DN32$ 排水栓（带存水弯）	组	8

【任务实训】

实训任务单：编制某教学楼卫生洁具工程量清单

1. 目的

在教师指导下，参考任务演示，完成下列训练任务，训练学生编制建筑给水排水工程卫生洁具工程量清单和计算卫生洁具工程量的实操能力。

2. 工作任务

（1）图纸详见：附录 4 的给水排水施工图。

（2）工作任务：识读图纸，编制某教学楼的卫生洁具工程量清单。

3. 工作成果

将列项及工程量计算结果填入分部分项工程量清单中（表 1-24）。

任务 1.8 土方识图及算量

1.8.1 土方识图

实训任务单：某教学楼土方识读

1. 目的

在教师指导下，从相关工程项目的施工图中获取信息，完成学习情境引导文的节点训练任务，培养学生从建筑给水施工图中识读土方的实操能力。

2. 工作任务

（1）图纸详见：附录4的给水排水施工图。

（2）工作任务：识读图纸，根据建筑给水排水工程的基本知识，完成学习情境引导文。

【学习情境引导文】

土方识图

阅读相关图纸，回答以下问题：

识读一层给水排水平面图，本任务需要计算管沟挖、填土方的管道有：

JL-1 引入管：管径为_____，标高为_____ m；

JL-2 引入管：管径为_____，标高为_____ m；

PL-1 排出管：管径为_____，标高为_____ m；

PL-2 排出管：管径为_____，标高为_____ m。

码1-17 第1.8.1节 学习情境 引导文参 考答案

1.8.2 土方工程量计算

1. 土方工程量计算规定

对于挖土、填土工程，在《通用安装工程工程量计算规范》GB 50856—

2013 中没有专门的项目，地方清单实施细则一般都会参考国家标准《房屋建筑与装饰工程工程量计算规范》GB 50500—2013 的土石方分部和《市政工程工程量计算规范》GB 50857—2013 的土石方分部，以及结合当地定额，进行相关项目的补充。本书的土方工程量计算参考《建设工程工程量计算规范广西壮族自治区实施细则》（GB 50854～50862—2013）"第三册 通用安装工程"的补充清单，规定如下：

（1）土方开挖、土方回填清单项目设置按表 1-40 执行。项目编码前面 9 位从表 1-40 中查取，后面 3 位由编制人根据拟建工程的实际进行编制，从 001 开始，同一招标工程的项目编码不得有重码。

土方开挖、土方回填清单项目   表 1-40

项目编码	项目名称	项目特征	计量单位	工程量计算规则	工作内容
桂 030413013	土方开挖	1. 土壤类别 2. 挖沟深度	m³	按设计图示尺寸以体积计算，因工作面（或支挡土板）和放坡增加的工程量并入土方开挖工程量计算	土方开挖
桂 030413014	土方（砂）回填	填方材料品种	m³	按设计图示尺寸以体积计算	1. 回填 2. 压实

（2）管道挖土方根据其土壤类别以及挖方深度来决定是否需要计算放坡，当一类、二类土挖方在 1.2m 内，三类土挖方在 1.5m 内，不考虑放坡。

土壤的分类应按表 1-41 确定。如土壤类别不能准确划分时，招标人可注明为综合，由投标人根据地勘报告确定报价。

实际编制工程量清单时，在设计说明里查阅土壤类别的信息，如无说明，一般默认按三类土确定。

土壤分类表   表 1-41

土壤分类	土壤名称	开挖方法
一、二类土	粉土、砂土（粉砂、细砂、中砂、粗砂、砾砂）、粉质黏土、弱中盐渍土、软土（淤泥质土、泥炭、泥炭质土）、软塑红黏土、冲填土	用锹，少许用镐、条锄开挖。机械能全部直接铲挖满载者
三类土	黏土、碎石土（圆砾、角砾）、混合土、可塑红黏土、硬塑红黏土、强盐渍土、素填土、压实填土	主要用镐、条锄，少许用锹开挖。机械需部分刨松方能铲挖满载者或可直接铲挖但不能满载者

土壤分类	土壤名称	开挖方法
四类土	碎石土(卵石、碎石、漂石、块石)、坚硬红黏土、超盐渍土、杂填土	全部用镐、条锄挖掘,少许用撬棍挖掘。机械需普遍刨松方能铲挖满载者

注:本表土的名称及其含义按现行国家标准《岩土工程勘察规范》GB 50021—2001(2009 年版)定义。

(3)管沟土方计算方法

1)计算公式:

考虑放坡的计算公式:

$$V = h(b + kh)L$$

式中 h——沟深;

b——沟底宽;

L——沟长;

k——放坡系数,根据土的性质确定,人工开挖一般可取 0.3。

不考虑放坡的计算公式:

$$V = hbL$$

式中 h——沟深;

b——沟底宽;

L——沟长。

2)沟深:计算沟深 h 时,如果管道是室外埋地管道,设计管底标高要扣除室外地坪标高。

即:h=管底标高-室外地坪标高

3)管沟底宽,施工图纸有具体规定的,按施工图纸要求尺寸计算,施工图纸无规定的,管沟底宽按"管沟施工每侧所需工作面计算表"计算。管沟施工每侧工作面宽度可以参照表 1-42。

管沟施工每侧所需工作面宽度计算表(单位:mm) 表 1-42

管道结构宽	混凝土管道基础 90°	混凝土管道基础>90°	金属管道	塑料管道
300 以内	300	300	200	200
500 以内	400	400	300	300
1000 以内	500	500	400	400

续表

管道结构宽	混凝土管道基础 90°	混凝土管道基础＞90°	金属管道	塑料管道
2500 以内	600	500	400	500
2500 以上	700	600	500	600

注：管道结构宽，有管座按管道基础外缘，无管座按管道外径计算，构筑物按基础外缘计算。

4）给水排水管道埋地敷设的管沟回填土方工程量计算应扣除管径 DN200 及以上的管道、基础、垫层和各种构筑物所占的体积。

2. 土方工程量清单的编制

【任务】　识读本书附录 4 的给水排水施工图。计算给水 JL-1 引入管（埋地部分）的土方工程量，将结果填写在分部分项工程量清单中（表 1-24）。

【任务演示】

（1）列项

依据表 1-40 列项，假设土方为三类土，JL-1（管径 DN40）引入管的标高为－1.2m，在某教学楼的一层平面图中，可以找到室外地坪的标高为－0.45m，因此，挖土深度（即沟底深）＝1.2－0.45＝0.75m。

列项结果见表 1-43。

分部分项工程量清单 表 1-43

序号	项目编码	项目名称	项目特征	计量单位	工程量
1	桂 030413013001	土方开挖	管沟土方开挖，挖土深度 0.75m，三类土	m³	
2	桂 030413014001	土方回填	管沟土方回填，夯填	m³	

（2）确定工程量计算规则

由表 1-40，可查取工程量计算规则如下：管沟土方、回填方均按设计图示尺寸以体积计算。

管道挖土方，三类土，挖土深度在 1.5m 内，不考虑放坡。

给水排水管道埋地敷设的管沟回填土方工程量计算应扣除管径 DN200 及以上的管道、基础、垫层和各种构筑物所占的体积。

（3）按照规则，依据图纸填列计算式并计算。

本项目挖土深度（即沟底深）＝1.2－0.45＝0.75m，因此不需要放坡。同时，查表1-42，JL-1引入管为PP-R塑料管，其每侧工作面宽度应为200mm。另外，查工具手册，给水塑料管外径与公称直径的对应关系见表1-4，可知$DN40$的塑料管的管外径为$dn50$。

还有，JL-1引入管的长度需要在一层平面图中量取，量取过程中注意比例问题，假设量取长度＝9＋2.5＝11.5m

因此对于$DN40$引入管：

管沟挖土方工程量＝hbL＝沟深0.75×（管外径0.05＋工作面0.2×2）×沟长11.25＝3.88m³

管沟回填方量＝3.88m³（因为$DN40$引入管，其管径小于$DN200$，管道回填土不用扣除管道所占体积）

（4）汇总并填写工程量。

汇总后将工程量填写入分部分项工程量清单中，结果见表1-44。

分部分项工程量清单

表1-44

序号	项目编码	项目名称	项目特征	计量单位	工程量
1	桂030413013001	土方开挖	管沟土方开挖，挖土深度0.75m，三类土	m³	3.88
2	桂030413014001	土方回填	管沟土方回填，夯填	m³	3.88

【任务实训】

实训任务单：编制某教学楼土方工程量清单

1. 目的

在教师指导下，参考任务演示，完成下列训练任务，训练学生编制建筑给水排水工程土方清单和计算土方工程量的实操能力。

2. 工作任务

（1）图纸详见：附录4的给水排水施工图。

（2）工作任务：识读图纸，编制该教学楼的给水JL-2引入管、排出管PL-1和PL-2的土方工程量清单。

3. 工作成果

将列项及工程量计算结果填入分部分项工程量清单中（表1-24）

训练提高

一、单选题

1. （　　）是指供各类建筑物内部饮用、烹饪、洗涤、洗浴等生活用水的系统。

A. 生活给水系统　　　　　　　　　　B. 灌溉给水系统

C. 生产给水系统　　　　　　　　　　D. 消防给水系统

2. 对一幢单独建筑物而言，（　　）是室外供水管网引至室内的供水接入管道，也称进户管。

A. 给水干管　　　B. 给水引入管　　　C. 水表节点　　　D. 给水管道系统

3. （　　）给水方式适合用于室外管网给水压力稳定，水量、水压在任何时候均能满足用水要求的多层建筑物内。

A. 单设水箱　　　B. 分区供水　　　C. 气压罐　　　D. 直接

4. （　　）给水方式对建筑物低层设有洗衣房、澡堂、大型餐厅和厨房等用水量大的建筑物尤其具有经济意义。

A. 单设水箱　　　B. 单设水泵　　　C. 分区供水　　　D. 直接

5. 下列情况中，可以不采用分流制排水机制的是（　　）。

A. 两种污水合流后会产生有毒有害气体或其他有害物质

B. 餐饮业或厨房污水中含有大量油脂

C. 城市有污水处理厂，生活废水不需回用

D. 工业废水中含有大量矿物质或有毒和有害物质需要单独处理

6. （　　）是利用一定高度的静水压力来抵抗排水管内气压变化，防止管内气体进入室内的措施，是排水管道的主要附件之一。

A. 存水弯　　　B. 清扫口　　　C. 地漏　　　D. 伸缩器

7. 一般居住建筑，屋面面积比较小的公共建筑和单跨工业建筑，多采用（　　）。

A. 天沟外排水系统   B. 檐沟外排水系统

C. 内排水系统   D. 混合排水系统

8. (　　) 是一种利用沉淀和厌氧发酵原理去除生活污水中悬浮有机物的最初级的处理构筑物。

A. 化油池   B. 隔油池   C. 降温池   D. 化粪池

9. 厕所、淋浴房及其他需要经常从地面排水的房间应设置 (　　)。

A. 存水弯   B. 清扫口   C. 地漏   D. 伸缩器

10. 管道的外径是指管材外壁直径，用 (　　) 表示。

A. $\phi \times$ 壁厚   B. $R \times$ 壁厚   C. De D. DN

11. 公称直径又称平均外径，公称通径指标准化以后的标准直径，以 (　　) 表示。

A. $\phi \times$ 壁厚   B. dn C. De D. DN

12. 塑料管一般以 (　　) 表示管道规格。

A. 公称半径   B. 公称外径   C. 外径   D. 公称直径

13. 阀门一般以 (　　) 表示管道规格。

A. 公称半径   B. 公称外径   C. 外径   D. 公称直径

14. (　　) 是一种以加热、高温或者高压的方式接合金属或其他热塑性材料如塑料的制造工艺及技术。

A. 法兰连接   B. 螺纹连接   C. 焊接连接   D. 卡箍连接

15. (　　) 适用于较小直径（公称直径 100mm 以内），较低工作压力（如 1MPa 以内）焊接钢管的连接和带螺纹的阀类及设备接管的连接。

A. 法兰连接   B. 螺纹连接   C. 焊接连接   D. 卡箍连接

16. 热熔连接技术适用于 (　　) 的连接。

A. 金属管道   B. 混凝土管道   C. 聚丙烯管道   D. 陶瓷管道

17. (　　) 是一种使用很广泛的阀门，在管路中主要作切断用。

A. 闸阀   B. 截止阀   C. 止回阀   D. 蝶阀

18. (　　) 可用于控制空气、水、蒸汽、各种腐蚀性介质、泥浆、油品、液态金属和放射性介质等各种类型流体的流动。

A. 闸阀   B. 截止阀   C. 止回阀   D. 蝶阀

19. (　　) 常用于输送温度不超过 45℃ 的水。

A. PVC-U 管　　B. PE 塑料管　　C. PP-R 管　　D. 双壁波纹管

20.（　　）常用于室外埋地敷设的燃气管道和给水工程中。

A. PVC-U 管　　B. PE 塑料管　　C. PP-R 管　　D. 双壁波纹管

21. 下列比例中，不属于建筑给水排水施工中总平面图的常用比例的是（　　）。

A. 1∶1000　　B. 1∶500　　C. 1∶50000　　D. 1∶300

22. 在建筑给水排水（　　）中，如局部表达有困难时，该处可不按比例绘制。

A. 总平图　　B. 平面图　　C. 详图　　D. 轴测图

23. 压力管道应标注（　　）。

A. 管中心标高　B. 管底标高　　C. 管顶标高　　D. 绝对标高

24. 在建筑工程中，管道也可标注相对（　　）建筑地面的标高，标注方法为 $h+\times.\times\times\times$。

A. 底层　　B. 顶层　　C. 本层　　D. 下一层

25. 钢筋混凝土管、陶土管、耐酸陶瓷管、缸瓦管等管材，管径宜以（　　）表示。

A. 公称外径　B. 内径　　C. 外径　　D. 公称直径

26. 图例—J—表示（　　）。

A. 热水给水管　B. 热水回水管　C. 中水给水管　D. 生活给水管

27. 图例—Y—表示（　　）。

A. 生活给水管　B. 雨水管　　C. 压力雨水管　D. 热水给水管

28. 图例—W—表示（　　）。

A. 生活给水管　B. 雨水管　　C. 污水管　　D. 热水给水管

29. 图例————▷◁————表示（　　）。

A. 截止阀　　B. 角阀　　C. 闸阀　　D. 旋塞阀

30. 图例————▷◁———— $DN\geqslant50$ 表示（　　）。

A. 截止阀　　B. 角阀　　C. 闸阀　　D. 旋塞阀

31. 图例————表示（　　）。

A. 截止阀　　B. 止回阀　　C. 闸阀　　D. 蝶阀

32. 图例 ————▷•◁———— 表示（　　　　）。

A. 截止阀　　　B. 止回阀　　　C. 闸阀　　　D. 蝶阀

33. 图例 ————▶———— 表示（　　　　）。

A. 水表井　　　B. 阀门井　　　C. 检查井　　　D. 雨水口

34. 图例 ————（／）———— 表示（　　　　）。

A. 水表井　　　B. 真空表　　　C. 水表　　　D. 压力表

35. 系统图采用（　　）的方法绘制。

A. 正投影　　　B. 轴侧投影　　　C. 中心投影　　　D. 标高投影

36. 在建筑给水排水施工图中，（　　　　）主要标明建筑物内给水排水管道及卫生器具和用水设备的平面布置。

A. 平面图　　　　　　　　　B. 给水排水管道系统图

C. 详图　　　　　　　　　D. 总平图

37. 在建筑给水排水施工图中，（　　　　）主要标明管道系统的立体走向。

A. 平面图　　　　　　　　　B. 给水排水管道系统图

C. 详图　　　　　　　　　D. 总平图

38. 建筑物排水管道的排出管与室外排水管连接处设置（　　　　）。

A. 止回阀　　　B. 水表井　　　C. 检查井　　　D. 化粪池

39. 伸顶通气管高出屋面不得小于（　　）m，且必须大于最大积雪厚度。

A. 1　　　B. 0.7　　　C. 0.5　　　D. 0.3

40. 排水立管通常沿卫生间墙角敷设，不宜设置在与（　　　　）相邻的内墙，宜靠近外墙。

A. 厨房　　　B. 客厅　　　C. 卧室　　　D. 阳台

41. 排水立管上应用管卡固定，管卡间距不得大于（　　　　）m。

A. 3　　　B. 4　　　C. 5　　　D. 6

42. 建筑给水排水施工图不包括（　　　　）。

A. 设计说明　　　B. 系统图　　　C. 平面布置图　　　D. 剖面图

43. 识读给水系统图时，正确的顺序是（　　　　）。

A. 逆水流方向　　　　　　　　　B. 顺水流方向

C. 先识读用水设备　　　　　　　　　D. 先识读支管

44. 识读排水系统图时，正确的顺序是（ ）。

A. 逆水流方向识读   B. 顺水流方向识读

C. 先识读排出管   D. 先识读立管

45. 建筑给水排水系统图采用（ ）原理绘制。

A. 三视图   B. 轴测图   C. 剖面图   D. 透视图

46. 建筑给水排水系统图表示管道的空间布置情况，以下描述错误的是（ ）。

A. 用水平线表示管道向左或者向右布置

B. 用垂直线表示管道向上或者向下布置

C. 用 45°斜线表示管道向前或者向后布置

D. 用水平线表示管道向前或者向后布置

47. 《通用安装工程工程量计算规范》GB 50856—2013 有（ ）安装分部工程。

A. 13 个   B. 12 个   C. 11 个   D. 15 个

48. 编制建筑给水排水工程量清单是依据《通用安装工程工程量计算规范》GB 50856—2013 的（ ）。

A. 附录 D 电气设备安装工程   B. 附录 G 通风空调工程

C. 附录 J 消防工程   D. 附录 K 给排水、采暖、燃气工程

49. 分部分项工程量清单的项目编码，第 1 级为专业工程代码，以下描述错误的是（ ）

A. 02-矿山工程   B. 03-通用安装工程

C. 04-市政工程   D. 05-园林绿化工程

50. 以下描述错误的是（ ）。

A. 给排水、采暖、燃气管道的项目编码是 031001

B. 给排水、采暖、燃气管道主要包括镀锌钢管、钢管、不锈钢管、铜管、铸铁管、塑料管、复合管等

C. 塑料管的项目编码是 031001006

D. 排水管道安装不包括立管检查口、透气帽

51. 套管制作安装的项目编码是（ ）。

A. 031002001   B. 031002003   C. 031002002   D. 031002004

52. 给水排水附（配）件是指独立安装的水嘴、地漏、地面扫出口等，它的项目编码是（ ）。

A. 031004014　　B. 031004013　　C. 031004012　　D. 031004015

二、多选题

1. 建筑室内给水系统通常分为（ ）。

A. 生活给水系统　　　　　　　B. 灌溉给水系统

C. 生产给水系统　　　　　　　D. 消防给水系统

E. 中水系统

2. 一般情况下，建筑给水系统由引入管、（ ）及室内消防设备等部分组成。

A. 水表节点　　　　　　　　　B. 管道系统

C. 灭火器　　　　　　　　　　D. 给水附件

E. 升压和贮水设备

3. 给水方式根据建筑物的类型、外部供水的条件、用户对供水系统使用的要求以及工程造价不同，可分为（ ）几种。

A. 直接给水方式　　　　　　　B. 单设水箱给水方式

C. 分区供水的给水方式　　　　D. 气压罐给水方式

E. 气压罐-水泵给水方式

4. 建筑内部排水系统根据排水的来源及受污染程度不同，可分为（ ）三类。

A. 生活污水排水系统　　　　　B. 生活排水系统

C. 工业废水排水系统　　　　　D. 建筑雨水排水系统

E. 合流排水系统

5. 建筑内部排水系统由（ ）等组成。

A. 卫生器具　　　　　　　　　B. 排水管道及通气管道

C. 排水附件　　　　　　　　　D. 升压和贮水设备

E. 提升设备及污水局部处理构筑物

6. 按雨水管道布置位置分类，屋面雨水排水系统分为（ ）。

A. 外排水系统　　　　　　　　B. 混合排水系统

C. 压力流雨水系统　　　　　　D. 重力无压流雨水系统

E. 内排水系统

7. 卫生器具常用的材料有（　　　）。

A. 木材   B. 陶瓷

C. 搪瓷生铁   D. 塑料

E. 水磨石

8. 管道规格常用的表示方法有（　　　）。

A. 公称半径   B. 公称内径

C. 外径   D. 公称外径

E. 公称直径

9. 在给水排水工程中，常用的管材可以分为（　　　）三大类。

A. 金属管材   B. 塑料管材

C. 非金属管材   D. 复合管材

E. 混凝土管材

10. 承插连接主要用于带承插接头的（　　　）等。

A. 金属管   B. 铸铁管

C. 混凝土管   D. 陶瓷管

E. 塑料管

11. 下列比例中，属于建筑给水排水平面图常用比例的有（　　　）。

A. 1：200   B. 1：500

C. 1：1000   D. 1：150

E. 1：100

12. 建筑给水排水施工图一般包括（　　　）。

A. 设计说明   B. 系统图

C. 平面布置图   D. 防雷接地图

E. 设备材料明细表

13. 以下正确的读图顺序有（　　　）。

A. 识读给水系统图时，顺水流方向进行识读，由建筑的给水引入管开始，沿水流方向经干管、立管、支管到用水设备

B. 识读排水系统图时，也是顺水流方向进行识读，由排水设备开始，沿排水方向经支管、横管、立管、干管到排出管

C. 识读建筑给水排水施工图时，先看平面图

D. 识读建筑给水排水施工图时，先看系统图

E. 识读建筑给水排水施工图时，先看说明和设备材料表

14. 分部分项工程量清单包括的内容有（　　　）。

A. 项目编码　　　　　　　　　B. 项目名称

C. 项目特征　　　　　　　　　D. 计量单位

E. 工程量

15. 下列描述正确的是（　　　）。

A. 给水排水管道工程量按设计图示管道中心线以长度计算

B. 管道工程量计算不扣除阀门、管件（包括减压器、疏水器、水表、伸缩器等组成安装）及附属构筑物所占长度

C. 塑料管安装适用于 UPVC、PVC、PP-C、PP-R、PE、PB 管等塑料管材

D. 复合管安装适用于钢塑复合管、铝塑复合管、钢骨架复合管等复合型管道安装

E. 方形补偿器所占长度不列入管道安装工程量。

三、判断题

1. 在实际应用中，三类给水系统一般不单独设置，而多采用共用给水系统。（　　　）

2. 单设水箱给水方式适用于建筑物室内用水量大且不均匀的情况。（　　　）

3. 生活排水系统的任务是将建筑内生活废水和生活污水排至室外。（　　　）

4. 建筑物的雨水管道应单独设置，在缺水或严重缺水地区，宜设置雨水储水池。（　　　）

5. 小便器设于女厕所内，有挂式、立式和小便槽三类。（　　　）

6. 塑料管、复合管的管道规格一般用外径表示。（　　　）

7. 无缝钢管的管道规格一般用外径表示。（　　　）

8. 钢管、阀门、水表一般用公称直径表示。（　　　）

9. 压力表是一种流速计量仪。（　　　）

10. 高压小直径管用螺纹法兰，高压和低压大直径管均采用焊接法兰。（　　　）

11. 法兰的规格一般以公称直径"DN"和公称压力"PN"表示。（　　　）

12. 闸阀的流体阻力损失较大，且具有方向性。（　　　）

13. 设计说明可直接写在图样上，工程较大、内容较多时，则要另用专页进行编写。（　　　）

14. 平面图上管道都用双线绘出。（　　　）

15. 一张平面图上可以绘制几种类型的管道，一般来说给水和排水管道可以一起绘制。（　　　）

16. 管道附件主要包括螺纹阀门、螺纹法兰阀门、焊接法兰阀门、塑料阀门、水表、法兰、减压器、带短管甲乙阀门等。（　　　）

17. 给水排水管道分部，套管制作安装，适用于穿基础、墙、楼板等部位的防水套管、防火套管等，可以不分别列项。（　　　）

18. 洗脸盆的项目编码是 031004001001。（　　　）

19. 分部分项工程量清单应包括项目编码、项目名称、项目特征、计量单位和工程量。（　　　）

20. 给水排水管道埋地敷设的管沟回填土方工程量计算应扣除管径 $DN200$ 及以上的管道、基础、垫层和各种构筑物所占的体积。（　　　）

码1-18
项目1
训练提高
参考答案

项目 2

建筑电气照明系统

Chapter 02

项目要求

1. 了解电气照明基本概念及电气照明系统的组成。
2. 理解常用电气照明的主要材料与设备的种类及其施工过程。
3. 熟练识读建筑电气照明施工图。
4. 掌握建筑电气照明工程电缆、配电箱、管线、灯具、插座及开关等项目的工程量计算。

项目重点 建筑电气照明施工图识读；熟悉施工过程；熟练掌握建筑电气照明工程的列项；计算建筑电气照明系统相关项目的工程量。

建议学时 32课时。

建议教学形式 讲授法、提问法、任务驱动法结合。

任务 2.1　建筑电气照明系统基本知识

电气照明是通过照明电光源将电能转换成光能，在夜间或天然采光不足的情况下创造一个明亮的环境，以满足生产、生活和学习的需要。合理的电气照明，对于保证安全生产、改善劳动条件、提高劳动生产率、减少生产事故、保证产品质量、保护视力及美化环境，都是必不可少的。电气照明已成为建筑电气的一个重要组成部分。

2.1.1　建筑变配电系统概述

1. 电力系统

为了提高供电的安全性、可靠性、连续性、运行的经济性，并提高设备的利用率，减少整个地区的总备用电容量，常将发电厂、电力网和电力用户连成一个整体，这样组成的统一整体称为电力系统。典型电力系统示意图如图 2-1 所示。输送用户的电能经过了以下环节：发电→升压→高压送电→降压→10kV 高压配电→降压→380V 低压配电→用户。

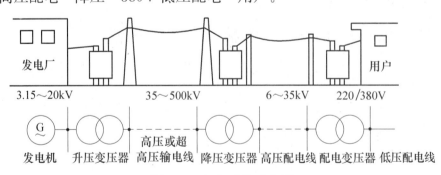

图 2-1　电力系统示意图

2. 发电送变电过程

（1）发电厂：发电厂是将一次能源（如水力、火力、风力、原子能等）转换成二次能源（电能）的场所。我国目前主要以火力和水力发电为主，近年来在原子能发电能力上也有很大提高。

（2）电力网：电力网是电力系统的有机组成部分，它包括变电所、配电所及各种电压等级的电力线路。

变电所与配电所是为了实现电能的经济输送和满足用电设备对供电质量的要求而设置的。变电所是接收电能、变换电压和分配电能的场所，可分为升压变电所和降压变电所两大类，配电所没有电压变换能力。

电力线路是输送电能的通道。在相距较远的发电厂与电力用户之间，要用各种不同电压等级的电力线路将发电厂、变电所与电力用户联系起来，使电能输送到用户。一般将发电厂生产的电能直接分配给用户或由降压变电所分配给用户的 10kV 及以下的电力线路称为配电线路，而把电压在 35kV 及以上的电力线路称为送电线路（输电线路）。

（3）电力用户：电力用户也称电力负荷。在电力系统中，所有消耗电能的用电设备均称为电力用户。电力用户按其用途可分为动力用电设备、工艺用电设备、电热用电设备、照明用电设备等，它们分别将电能转换为机械能、热能和光能等形式，以适应生产和生活的需要。

3. 低压配电系统

低压配电系统是指从终端降压变电所的低压侧到民用建筑内部低压设备的电力线路，其电压一般为 380/220V，配电方式有放射式、树干式、混合式，如图 2-2 所示。

放射式配电方式由总配电箱直接供电给分配电箱，其可靠性高，控制灵活，但投资大，一般用于大型用电设备、重要用电设备的供电。

树干式配电方式由总配电箱采用一回干线连接至各分配电箱，其节省设备和材料，但可靠性较低，在机械加工车间中使用较多，可采用封闭式母线配电，灵活方便且比较安全。

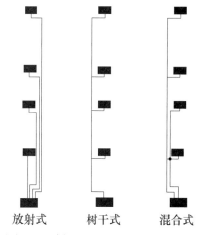

图 2-2　低压配电方式分类示意图

混合式也称为大树干式，是放射式与树干式相结合的配电方式，其综合了两者的优点，一般用于高层建筑的照明配电系统。

在三相电力系统中，发电机和变压器的中性点有三种运行方式：中性点不接地系统、中性点经阻抗接地系统、中性点直接接地系统。在低压配电系统中，我国广泛采用中性点直接接地系统，从系统中引出中性线（N）、保护线（PE）或保护中性线（PEN）。

从安全用电等方面考虑，低压配电系统的接地形式有三种：IT 系统、TT 系统、TN 系统。IT 系统就是电源中性点不接地、用电设备外壳直接接地的系统；TT 系统就是电源中性点直接接地、用电设备外壳也直接接地的系统；TN 系统即电源中性点直接接地、设备外壳等可导电部分与电源中性点有直接电气连接的系统，它有三种形式，分别为 TN-C 系统、TN-C-S 系统、TN-S 系统，其示意图见图 2-3。

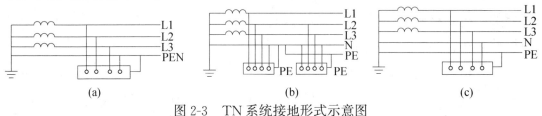

图 2-3　TN 系统接地形式示意图

（a）TN-C 系统；（b）TN-C-S 系统；（c）TN-S 系统

2.1.2　电气照明基本知识

电气照明是以光学为基础的综合性技术，本节介绍有关光学的几个基本物理量及知识。

1. 基本概念

（1）可见光

所谓可见光，就是能被人眼感受到光感的光波，其波长在 380～780nm。

（2）光通量（流明，lm）

光通量指光源在单位时间内，向周围空间辐射的使人眼产生光感的辐射能，符号为 φ，单位是流明（lm）。

（3）照度（勒克司，lx）

照度是表示物体被照亮程度的物理量，是受照物体单位面积上接受的光通量，单位是勒克斯（lx）。

2. 照明方式和种类

（1）照明方式

照明方式分为一般照明、局部照明、混合照明，见图 2-4。

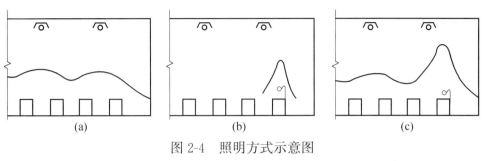

图 2-4　照明方式示意图

(a) 一般照明；(b) 局部照明；(c) 混合照明

(2) 照明的种类

照明分为正常照明、应急照明、值班照明、警卫照明、障碍照明、装饰照明、艺术照明等。

(3) 照明质量

衡量照明质量的好坏，主要指标有照度合理、照度均匀、照度稳定、避免眩光、光源的显色性、频闪效应的消除等。

3. 照明电光源与灯具

(1) 照明电光源

电光源按发光原埋可分为热辐射光源、气体放电光源和场致光源。常见的电光源有白炽灯、卤钨灯、荧光灯、高压汞灯、高压钠灯、金属卤化物灯、氙灯、LED 节能灯等。

1) 白炽灯：爱迪生发明的电灯就属于白炽灯。它将灯丝通电加热到白炽的程度，利用热辐射发出可见光，热辐射越大，亮度越大。它的优点是结构简单、使用灵活、瞬时点亮、没有频闪、显色性好、价格便宜等。缺点是能耗大，不适应当今节能环保的要求，正逐渐淘汰，如图 2-5 (a) 所示。

2) 卤钨灯：卤钨灯也是一种热辐射光源，比普通白炽灯光效高，寿命长，如图 2-5 (b) 所示。

3) 荧光灯：通过低压汞蒸气放电发光原理，人们发明了荧光灯。它具有表面亮度低、温度低、光效高、寿命长、显色性好、光源分布均匀等优点，因此广泛应用于照度要求高或进行长时间阅读书写的工作场所（办公、课堂等）。目前直管性三基色荧光灯常用的有 T5、T8 系列，T5 系列更节能，已经成为主流，如图 2-5 (c) 所示。

4) 高压汞灯：高压汞灯发光原理和荧光灯一样，只是构造上增加一个内管。多用于车间、礼堂、展览馆等室内照明，或道路、广场的室外照明，如图 2-5（d）所示。

5）高压钠灯：高压钠灯是利用高压钠蒸气放电而工作的，具有光效高、紫外线辐射小、透雾性能好、光通维持性好、可任意位置点燃、耐震等特点，但显色性差。它广泛用于道路照明，如图 2-5（e）所示。

6）金属卤化物灯：金属卤化物灯与高压汞灯类似，但在放电管中除了充有汞和氢气外，还加充发光的金属卤化物（以碘化物为主）。其光效高，显色性好，但平均寿命短，如图 2-5（f）所示。

7）氙灯：氙灯利用高压氙气放电产生很强的白光，和太阳光十分相似（俗称"人造小太阳"），显色性好、功率大、光效高。其主要用于广场、港口、机场、发电站、体育场、大型建筑工地，如图 2-5（g）所示。

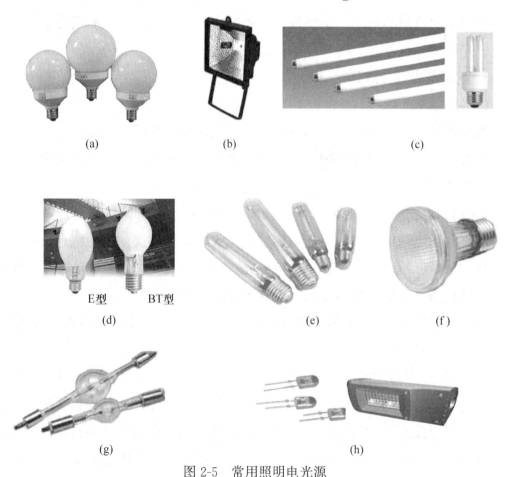

图 2-5　常用照明电光源

（a）白炽灯；（b）卤钨灯；（c）荧光灯；（d）高压汞灯；（e）高压钠灯；

（f）金属卤化物灯；（g）氙灯；（h）LED 节能灯

8）LED 节能灯：LED 光源又叫发光二极管，是目前发展最快的一种电光源，正成为民用照明灯具的主流，是一种高效、节能、环保的电光源。它具有发光效率高、光线质量好、无辐射、寿命长、价格便宜等优点。几瓦的 LED 灯就可以达到过去几十瓦白炽灯的亮度，节点效果明显，如图 2-5（h）所示。

（2）照明灯具

照明灯具按安装方式可分为：悬吊式、吸顶式、壁式、移动式、嵌入式等，如图 2-6 所示。

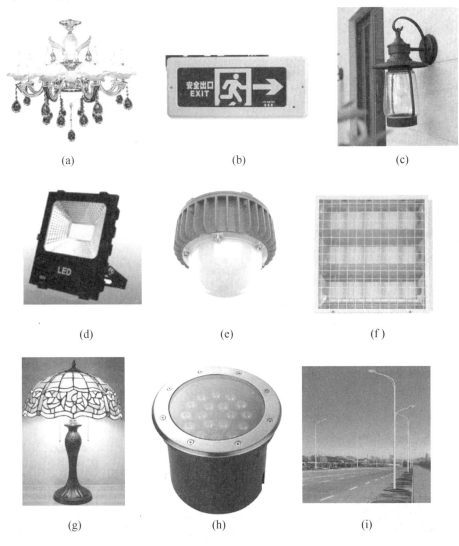

(a)　　　　　　　　　　(b)　　　　　　　　　　(c)

(d)　　　　　　　　　　(e)　　　　　　　　　　(f)

(g)　　　　　　　　　　(h)　　　　　　　　　　(i)

图 2-6　照明灯具

（a）花灯；（b）出口指示灯；（c）壁灯；（d）投光灯；（e）吸顶灯；（f）格栅荧光灯；

（g）台灯；（h）埋地灯；（i）高杆路灯

灯具按其他分类方式可分为：防潮型、防爆安全型、隔爆型、防腐蚀型。

码2-1
建筑电气
照明系统
组成

2.1.3　建筑电气照明系统的组成

按照电能量传递方向，建筑电气照明低压配电系统由以下几部分组成：进户线→总配电箱→配电干线→分配电箱→支线→照明用电器具，如图 2-7 所示。

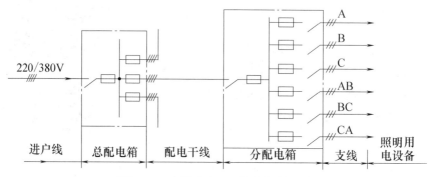

图 2-7　建筑电气照明系统的组成

1. 进户线

由建筑室外进入到室内配电箱的这段电源线叫进户线，通常有架空进户、电缆埋地进户两种方式。架空进户导线必须采用绝缘电线，直埋进户电缆需采用铠装电缆，非铠装电缆必须穿管，电缆进户线缆材料示意见图 2-8。一栋单体建筑一般是一处进户，当建筑物长度超过 60m 或用电设备特别分散时，可考虑两处或两处以上进户。一般情况下应尽量采用电缆埋地进户方式。

图 2-8　进户线缆材料示意

（1）电缆种类

电缆按用途可分为电力电缆、控制电缆、通信电缆和其他电缆。

电力电缆用来输送和分配大功率电能。无铠装的电缆适用于室内、电缆沟内、电缆桥架内和穿管敷设，但不可承受压力和拉力。钢带铠装电缆适用于直埋敷设，能承受一定的正压力，但不能承受拉力。

控制电缆用于配电装置、继电保护和自动控制回路中传送控制电流、连接电气仪表及电气元件等，其构造与电力电缆相似，芯数从几芯到几十芯不等，单芯截面积为 $1.5 \sim 10\text{mm}^2$。

通信电缆按使用范围可分为室内通信电缆、长途通信电缆和特种通信电缆。

（2）电缆基本结构

电缆是一种特殊的导线，将一根或多根绝缘导线组成的线芯包敷在相应的绝缘层内，外面再包上密闭包皮（铝、铅或塑料等），这种导线称为电缆。其基本结构一般是由导电缆芯、绝缘层和保护层三个部分组成，见图 2-9。

图 2-9　电缆结构图

1）导电缆芯：导电缆芯是用来输送电流的，通常由铜或铝的多股绞线做成，比较柔软，易弯曲。

我国制造的电缆缆芯的标称截面有：1mm^2、1.5mm^2、2.5mm^2、4mm^2、6mm^2、10mm^2、16mm^2、25mm^2、35mm^2、70mm^2、95mm^2、120mm^2、150mm^2、185mm^2、240mm^2、300mm^2、400mm^2、500mm^2、625mm^2、800mm^2。

按其芯数有：单芯、双芯、三芯、四芯、五芯。

按缆芯的形状有：圆形、半圆形、扇形和椭圆形。

2）绝缘层：绝缘层的作用是将导电缆芯与相邻导体以及保护层隔离，用以抵抗电力电流、电压、电场对外界的作用，保证电流沿缆芯方向传输。

低压电力电缆的绝缘层一般有橡胶绝缘、聚氯乙烯绝缘、纸绝缘等。

3）保护层：保护层简称护层，分为内护层和外护层两部分。内护层用来保护电缆的绝缘不受潮湿影响和防止电缆浸渍剂的外流和轻度机械损伤，外护层是用来保护内护层的，包括铠装层和外被层。

（3）电缆型号与名称

我国电缆产品的型号系采用汉语拼音字母组成，有外护层时则在字母后加上两个阿拉伯数字，常用电缆型号中字母的含义及排列顺序见表 2-1。

电缆型号组成及含义　　　　　　　　　　　表 2-1

性能	类别	电缆种类	线芯材料	内护层	其他特征	外护层	
						第一数字	第二数字
ZR-阻燃	电力电缆不表示	Z-纸绝缘	T-铜（省略）	Q-铅护套	D-不滴流	2-双钢带	1-纤维护套
NH-耐火	K-控制电缆	X-橡皮	L-铝	L-铝护套	F-分相铝包	3-细圆钢丝	2-聚氯乙烯护套
	Y-移动式软电缆	V-聚氯乙烯		H-橡套	P-屏蔽	4-粗圆钢丝	3-聚乙烯护套
	P-信号电缆	Y-聚乙烯		(H)F-非燃性橡套	C-重型		
	H-市内电话电缆	YJ-交联聚乙烯		V-聚氯乙烯护套			
				Y-聚乙烯护套			

（4）电缆敷设

电缆的敷设方式有直接埋地敷设、穿管敷设、电缆沟敷设、电缆桥架敷设，以及用支架、托架悬挂方法敷设等。

线路敷设方式及文字符号见表 2-2。

线路敷设方式及文字符号　　　　　　　　　　表 2-2

敷设方式	新符号	旧符号	敷设方式	新符号	旧符号
穿焊接钢管敷设	SC	G	电缆桥架敷设	CT	—
穿电线管敷设	TC	DG	金属线槽敷设	MR	GC
穿硬塑料管敷设	PC	VG	塑料线槽敷设	PR	XC
穿聚氯乙烯半硬管敷设	FPC	RVG	直埋敷设	DB	—
穿聚氯乙烯塑料波纹管敷设	KPC	—	电缆沟敷设	TC	—
穿金属软管敷设	CP	—	混凝土排管敷设	CE	—
穿扣压式薄壁钢管敷设	KBG	—	钢索敷设	M	—

线路敷设部位及文字符号见表 2-3。

线路敷设部位及文字符号　　　　　　　表 2-3

敷设部位	符号	敷设部位	符号
沿墙	W	明敷	E
沿地面(板)	F	暗敷	C
沿顶棚(板)	C		

【识读案例】　电缆识读：电缆标注为 YJV22-1kV-4×95 SC100-FC，说明该电缆信息。

此电缆为电力电缆

YJV 表示交联聚乙烯绝缘，内护层为聚氯乙烯护套，导电芯为铜芯

22 表示双钢带铠装，聚氯乙烯外护套

1kV 表示电缆额定电压为 1000V

4×95 表示 4 根导电芯，每根导电芯截面积为 95mm²

SC100 表示穿钢管敷设，钢管的公称直径为 DN100

FC 表示电缆沿地面暗敷

【识读训练】　说出以下电缆的含义（在画线处填空）。

(1) ZR YJLV22-1kV-4×35＋1×16 表示＿＿＿＿＿＿＿＿

＿＿＿＿＿＿＿＿＿＿＿＿＿＿＿＿＿＿＿＿＿＿＿＿＿＿＿＿

(2) YJV22-4×95 表示＿＿＿＿＿＿＿＿＿＿＿＿＿

＿＿＿＿＿＿＿＿＿＿＿＿＿＿＿＿＿＿＿＿＿＿＿＿＿＿＿＿

(3) NH YJV22-1kV-4×185＋1×95 表示＿＿＿＿＿＿＿

＿＿＿＿＿＿＿＿＿＿＿＿＿＿＿＿＿＿＿＿＿＿＿＿＿＿＿＿

2. 配电箱

总配电箱是本栋单体建筑连接电源、接受和分配电能的电气装置。配电箱内装有总开关、分开关、计量设备、短路保护元件和漏电保护装置等。总配电箱数量一般与进户处数量相同。

码2-2
第2.1.3节
识读训练
参考答案

低压配电箱根据用途不同可分为电力配电箱和照明配电箱，它们在民用建筑中用量很大。低压配电箱按产品划分有定型产品（标准配电箱）、非定型成套

配电箱（非标准配电箱）及现场制作组装的配电箱。

（1）电力配电箱（AP）

电力配电箱也称为动力配电箱，普遍采用的电力配电箱主要有 XL（F）-14、XL（F）-15、XL（R）-20、XL-21 等型号。电力配电箱型号含义见图 2-10。

XL（F）-14、XL（F）-15 型电力配电箱内部主要有刀开关（为箱外操作）、熔断器等。

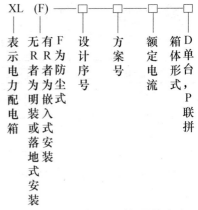

图 2-10　电力配电箱型号含义

刀开关额定电流一般为 400A，适用于交流 500V 以下的三相系统动力配电。

XL（R）-20、XL-21 型采用 DZ10 型自动开关等元器件。XL（R）-20 型采取挂墙安装，XL-21 型采取落地式靠墙安装，适合于各种类型的低压用电设备的配电。XL-21 型电力配电箱外形见图 2-11。

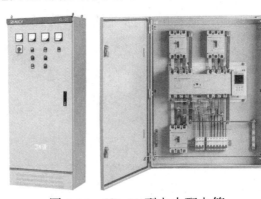

图 2-11　XL-21 型电力配电箱

（2）照明配电箱（AL）

照明配电箱内主要装有控制各支路用的开关、熔断器，有的还装有电度表、漏电保护开关等。由于国内生产厂家繁多，外形和型号各异，国家只对配电箱用统一的技术标准进行审查和鉴定，在选用标准照明配电箱时，应查阅有关的产品目录和电气设备手册。照明配电箱实物图见图 2-12。

（3）其他系列配电箱

1）插座箱：插座箱内主要装有自动开关和插座，还可根据需要加装 LA 型控制按钮、XD 型信号灯等元件。插座箱适用于交流 50Hz、电压 500V 以下的单相及三相电路中，见图 2-13。

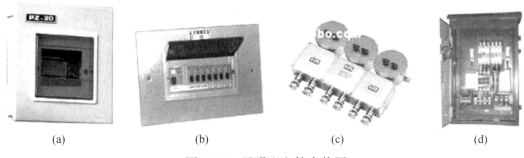

图 2-12　照明配电箱实物图

（a）PZ20 系列照明配电箱；（b）配施耐德电器照明配电箱；（c）防爆照明配电箱；（d）双电源手动切换箱

图 2 13　电源插座箱

（a）插座箱；（b）防爆防腐电源插座箱

2）计量箱：计量箱适用于各种住宅旅馆、车站、医院等建筑物用来计量频率为 50Hz 的单相以及三相有功电度。箱内主要装有电度表、自动开关或熔断器、电流互感器等。箱体由薄钢板焊制成，上、下箱壁均有穿线孔，箱的下部设有接地端子板。箱体外形见图 2-14。

图 2-14　计量箱

（a）封闭挂式；（b）嵌入暗装式

（4）分配电箱

分配电箱是连接总配电箱和用电设备、接受和分配分区电能的电气装置。配电箱内装有总开关、分开关、计量设备、短路保护元件和漏电保护装置等。对于多层建筑，可在某层设总配电箱，并由此引出干线向各层分配电箱配电。

3. 室内线路

室内线路分为干线和支线两种。

（1）干线

干线是连接于总配电箱与分配电箱之间的线路，如图 2-15（a）所示，任务是将电能输送到分配电箱。配线方式有放射式、树式、混合式。

（2）支线

照明支线又称照明回路，是指从分配电箱到用电设备的这段线路，即将电能直接传递给用电设备的配电线路，如图 2-15（b）所示。

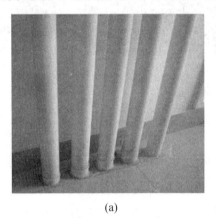 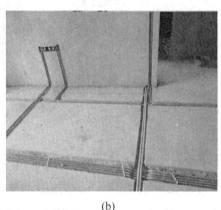

(a)　　　　　　　　　　　(b)

图 2-15　室内线路

(a) 干线 穿管明敷；(b) 支线 穿管暗敷

4. 照明器具

干线、支线将电能送到用电末端，其用电器具包括灯具以及控制灯具的开关、插座、电铃和风扇等。

（1）灯具

灯具有一般灯具、装饰灯具（吊式、吸顶式、荧光艺术式、几何形状组合、标志诱导灯、水下艺术灯、点光源、草坪灯、歌舞厅灯具等）、荧光灯（吊线、吊链、吊杆、吸顶）、工厂灯（工厂罩灯、投光灯、烟水塔灯、安全防爆灯等）、医院灯具（病房指示灯、暗脚灯、紫外线灯、无影灯）、路灯（马路弯灯、庭院路灯）、航空障碍灯等多种形式，见图 2-16。

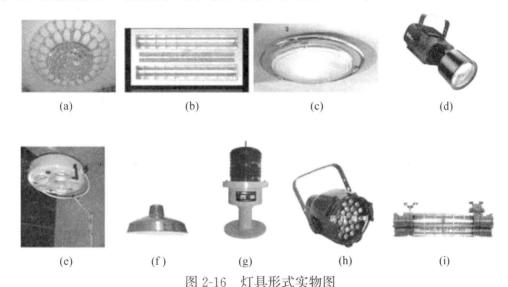

(a)　　　　　　(b)　　　　　　(c)　　　　　　(d)

(e)　　　　(f)　　　　(g)　　　　(h)　　　　(i)

图 2-16　灯具形式实物图

(a) 吸顶灯；(b) 隔栅式荧光灯；(c) 顶棚灯；(d) 追光灯；(e) 医院无影灯；
(f) 工厂罩灯；(g) 航空障碍灯；(h) 歌舞厅灯；(i) 防爆荧光灯

（2）灯具开关

灯具开关用来实现对灯具通电、断电的控制，根据节能要求，尽量实行单灯单控，在大面积照明场所也可以按回路进行控制。灯具开关按产品形式分为拉线式（见图 2-17）、跷板式（见图 2-18）、节能式（见图 2-19）以及其他形式；按控制方式分为单控、双控（见图 2-20）、三控等；按安装方式分有明装、暗装、密闭、防爆型。

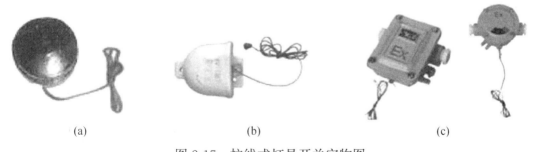

(a)　　　　　　　　(b)　　　　　　　　(c)

图 2-17　拉线式灯具开关实物图

(a) 普通型；(b) 瓷防水式；(c) 防爆型

（3）插座

插座有单相、三相之分，三相插座一般是四孔，单相插座有两孔、三孔、多孔。插座按安装方式分为明装、暗装、密闭、防爆型，见图 2-21。

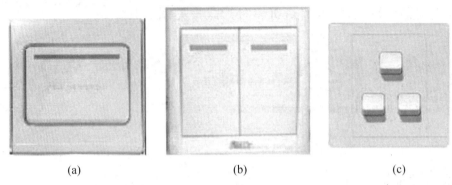

图 2-18　跷板式灯具开关实物图

（a）单联单控；（b）双联单控；（c）三联单控

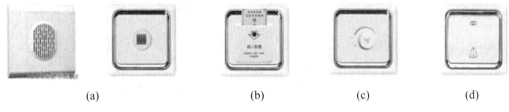

图 2-19　节能式灯具开关实物图

（a）声光控制延时开关；（b）钥匙取电器；（c）调速开关；（d）门铃开关

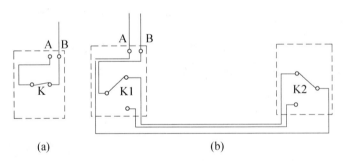

图 2-20　单控、双控开关接线图

（a）单控；（b）双控

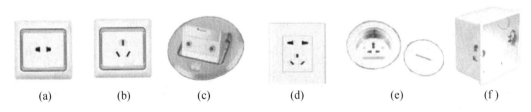

图 2-21　插座实物图

（a）单相二孔插座；（b）单相三孔插座；（c）地弹插座；（d）二、三极插座；

（e）地面线槽插座；（f）86 接线盒

（4）电铃与风扇

电铃的规格可按直径分为 100mm、200mm、300mm 等，也可按电铃号牌箱分为 10 号、20 号、30 号等，见图 2-22。风扇可分为吊扇、壁扇、轴流排气扇等，见图 2-23。

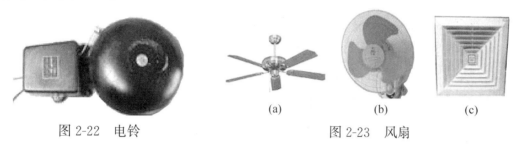

图 2-22   电铃

(a)　　　　　　(b)　　　　　　(c)

图 2-23   风扇

（a）吊扇；（b）壁扇；（c）轴流排气扇

2.1.4   认识建筑电气照明工程常用导电材料

码2-3 常用电气线缆材料及识读

建筑电气照明工程常用导电材料主要包括导线和电缆，电缆在任务 2.1.2 进户线中已经介绍，本节主要介绍导线。导线分为裸导线和绝缘导线两种。

1. 裸导线

裸导线是没有绝缘保护的电线，材质主要为铜、铝、钢等。其主要用于野外架空线路。裸导线包括裸单线、裸绞线，裸绞线，如图 2-24 所示。

图 2-24   裸绞线

常见裸导线的型号为：

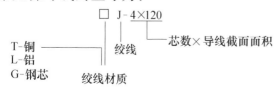

如：LJ-4×120，表示铝芯绞线，4 芯，每芯的截面面积是 120mm^2。

2. 绝缘导线

具有绝缘包层（单层或多层）的电线称为绝缘导线。

（1）分类

1）按线芯材料分：铜芯和铝芯；

2）按线芯股数分：单股和多股（图 2-25）；

3）按结构分：单芯、双芯、多芯；

4）按绝缘材料分：橡皮绝缘和塑料绝缘（图 2-26）。

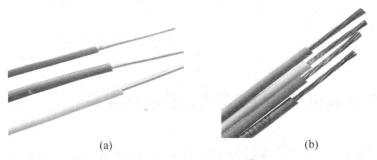

(a)　　　　　　　　　　　　(b)

图 2-25　单股导线和多股导线

（a）单股塑料绝缘导线；（b）多股塑料绝缘导线

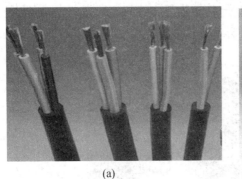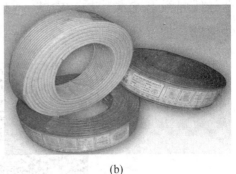

(a)　　　　　　　　　　　　(b)

图 2-26　橡皮绝缘导线和塑料绝缘导线

（a）橡皮绝缘导线；（b）塑料绝缘导线

（2）绝缘导线常见规格

绝缘导线常见的标称截面面积有 1mm^2、1.5mm^2、2.5mm^2、4mm^2、6mm^2、10mm^2、16mm^2、25mm^2、35mm^2、70mm^2、95mm^2、120mm^2、185mm^2、240mm^2、300mm^2。

（3）绝缘导线文字符号的含义（见表 2-4）

绝缘导线文字符号含义　　　　　　　　　　　　表 2-4

性能		分类代号或用途		线芯材料		绝缘		护套		派生	
符号	意义	符号	意义	符号	意义	符号	意义	符号	意义	符号	意义
ZR	阻燃	A	安装线	T	铜（省略）	V	聚氯乙烯	V	聚氯乙烯	P	屏蔽
NH	耐火	B	布电线	L	铝	F	氟塑料	H	橡套	R	软
		Y	移动电器线			Y	聚乙烯	B	编织套	S	双绞
		T	天线			X	橡皮	N	尼龙套	B	平行
		HR	电话软线			F	氯丁橡皮	SK	尼龙丝	D	带形
		HP	电话配线			ST	天然丝	L	腊克	P1	缠绕屏蔽

（4）绝缘导线的常见型号

1）塑料绝缘导线，如 DVR-10，表示塑料绝缘铜芯软线，导线截面面积为 10mm^2；BLVR-10，表示塑料绝缘铝芯软线，导线截面面积为 10mm^2。

2）橡皮绝缘导线，如 BXR-10，表示橡皮绝缘铜芯软线，导线截面面积为 10mm^2；BLXR-10，表示橡皮绝缘铝芯软线，导线截面面积为 10mm^2。

（5）配电线路标注

配电线路按下列方式进行标注：a-b（c×d）e-f

a：线路编号

b：导线型号

c：导线根数

d：单根导线截面面积

e：线路敷设方式或保护管管径

f：线路敷设部位

【识读案例】　导线识读：结合表 2-2～表 2-4 识读下列导线，说明导线的含义。

（1）N1 BV-5×16 SC32-FC-WC 表示 N1 回路，为 5 根导线截面面积为

16mm² 的铜芯塑料线，穿钢管 SC32，沿墙或楼板暗敷设。

（2）BLV-3×4 FPC20-CC/WE 表示 3 根导线截面面积为 4mm² 的铝芯塑料线，穿半硬塑料管 FPC20，沿顶棚暗敷设或沿墙明敷设。

【识读训练】 说明以下导线的含义（在画线处填空）。

（1）BX-2.5 表示＿＿＿＿＿＿＿＿＿＿＿＿＿＿＿＿＿＿＿

（2）BLX-10 表示＿＿＿＿＿＿＿＿＿＿＿＿＿＿＿＿＿＿＿

（3）NH-BV-25 SC32-FC-WC 表示＿＿＿＿＿＿＿＿＿＿＿＿

＿＿＿＿＿＿＿＿＿＿＿＿＿＿＿＿＿＿＿＿＿＿＿＿＿＿＿

 码2-4
第2.1.4节
识读训练
参考答案

（4）N2 BV（3×50＋1×25）SC32-FC 表示＿＿＿＿＿＿＿

＿＿＿＿＿＿＿＿＿＿＿＿＿＿＿＿＿＿＿＿＿＿＿＿＿＿＿

任务 2.2 建筑电气照明施工图识读

2.2.1 建筑电气照明施工图识读基本知识

 码2-5
建筑电气
照明施工
图识读基
本知识

1. 建筑电气施工图组成

建筑电气施工图主要包括：图样目录、设计说明、系统图、平面图、安装详图、大样图（多采用标准图集）、主要设备材料表及标注。

2. 建筑电气施工图的特点

（1）建筑电气工程图大多是采用统一的图形符号并加注文字符号绘制出来的，属于简图，图形符号所绘制的位置不一定是按比例给定的。

（2）任何电路都必须构成闭合回路。电路的组成包括 4 个基本要素，即电源、用电设备、导线和开关控制设备。电气设备、元件彼此之间都是通过导线连接起开关来构成一个整体，导线可长可短，有时电气设备安装位置在 A 处，控制设备的信号装置、操作开关则可能在较远的 B 处，而两者又不在同一张图样上，了解这一特点，就可将各有关的图样联系起来，才能提高读图速度。

一般而言，应通过系统图、电路图找联系；通过平面布置图、接线图找位置；交错识读，才能提高读图效率。

（3）在读图时还应阅读相应的土建及其他安装工程图，以便了解相互间的配合。

例如：安装在墙里的配电箱，需要土建砌墙时预留箱洞，照明干线穿楼板时，需要在楼板预留洞口等。

3. 读图方法和识图顺序

识读建筑电气工程图，必须熟悉电气图基本知识（表达形式、电气图例符号、文字标注等）和建筑电气工程图的特点，同时掌握一定的阅读方法，才能比较迅速全面地读懂图样。

读图的方法没有统一规定，通常按以下方法进行：了解情况先浏览，重点内容反复看，安装方法找大样，技术要求查规范。

室内电气照明施工图的识读顺序是顺电流方向进行的，从电源进户线→配电箱→干线→支线→用电设备。

4. 识图要点

（1）电气照明系统图：电气照明系统图用来表明照明工程的供电系统、配电线路的规格，采用管径、敷设方式及部位，线路的分布情况，计算负荷和计算电流，配电箱的型号及其主要设备的规格等。通过系统图具体可表明以下几点：

1）供电电源种类及进户线标注：应表明本照明工程是由单相供电还是由三相供电，电源的电压、频率及进户线的标注。

2）总配电箱、分配电箱：在系统图中用虚线、点画线、细实线围成的长方形框便是配电箱的展开图。系统图中应标明配电箱的编号、型号、控制、计量、保护设备的型号及规格。

3）干线、支线：图上可以直接表示出干线的接线方式，以便作为施工时干线的接线依据。还能表示出干线、支线的导线型号、截面、穿管管径、管材、敷设部位及敷设方式，采用导线标注格式来表示。

4）相别划分：三相电源向单相用电回路分配电能时，应在单相用电各回路导线旁标明相别 L1、L2、L3，避免施工时发生错接。

5）照明供电系统的计算数据：照明供电系统的计算功率、计算电流、需要系数、功率因数等计算值标注在系统图上明显位置。

（2）电气照明平面图：电气照明平面图是按国家规定的图例和符号，画出进户点、配电线路及室内的灯具、开关、插座等电气设备的平面位置及安装要求。照明线路都采用单线画法。

通过对平面图的识读，具体可以了解以下情况：

1）进户线的位置，总配电箱及分配电箱的平面位置。

2）进户线、干线、支线的走向，导线的根数，支线回路的划分。

3）用电设备的平面位置及灯具的标注。

在识读照明平面图过程中，要逐层、逐段识读平面图，要核实各干线、支线导线的根数、管位置是否正确，线路敷设是否可行，线路和各电器安装部位与其他管道的距离是否符合施工要求。

（3）电气设计说明：在系统图和平面图中未能表明而又与施工有关的问题，可在设计说明中予以补充。说明应包括下列内容：

1）电源提供形式，电源电压等级，进户线敷设方法，保护措施等。

2）通用照明设备安装高度，安装方式及线路敷设方法。

3）施工时的注意事项，施工验收执行的规范。

4）施工图中无法表达清楚的内容。

对于简单工程可以将说明并入系统图或平面图中。

（4）主要设备材料表：将电气照明工程中所使用的主要材料进行列表，便于材料采购，同时有利于检查验收。

5. 常用图例与文字标注

电气照明施工图采用规定的图例、符号、文字标注等，均按照国家标准图集《建筑电气工程设计常用图形和文字符号》09DX001，使用统一的图例和标注来表示。下面列出常用图例以供参考。

（1）常用图例（表 2-5）

（2）文字标注

文字标注包括配电线缆、灯具等的文字标注，配电线缆的标注详见第 2.1.2 中的电缆识读、2.1.3 节中的导线识读，此处重点介绍灯具的标注。

灯具的标注是在灯具旁按灯具标注规定标注灯具数量、型号、灯具中的光源数量和容量、悬挂高度和安装方式。

照明系统常用图例　　　　　　　　　　表 2-5

名称	图形符号	说明	名称	图形符号	说明
动力或动力-照明配电箱			照明配电箱(屏)		
插座		一般符号	双极开关		明装 暗装 密闭 防爆
单相插座		明装 暗装 密闭 防爆	三极开关		明装 暗装 密闭 防爆
单相三孔插座		明装 暗装 密闭 防爆	钥匙开关		
三相四孔插座		明装 暗装	灯		一般符号
多个插座		3个	灯管		荧光灯一般符号 三管荧光灯 五管荧光灯
带开关插座		具有单极开关的插座	局部照明灯		

续表

名称	图形符号	说明	名称	图形符号	说明
带熔断器的插座			安全灯		
开关		开关一般符号			
		单极双控拉线开关	防水防尘灯		
		双控开关	吸顶灯		
		单极拉线开关	壁灯		
单极开关		明装　暗装　密闭　防爆	花灯		

照明灯具标注格式为：　$a-b\dfrac{c\times d\times L}{e}f$

式中　a——同一平面内，同种型号灯具的数量；

　　　b——灯具型号；

　　　c——每盏照明灯具中光源的数量；

　　　d——每个光源的额定功率（W）；

　　　e——安装高度（m），当吸顶或嵌入安装时用"—"表示；

　　　f——安装方式；

　　　L——光源种类（常省略不标）。

灯具安装方式代号如下：线吊—SW、链吊—CS、管吊—DS、吸顶—C、嵌入—R、壁式—W、嵌入壁式—WR、柱上式—CL、支架上安装—S、顶棚内—CR、座装—HM。

【识读案例】　灯具识读

$$5-T5\ ESS\ \dfrac{2\times 28}{2.5}CS$$

表示 5 盏 T5 系列直管型荧光灯，每盏灯具中装设 2 只功率为 28W 的灯管，灯具的安装高度为 2.5m，灯具采用链吊式安装方式。

在同一房间内的多盏相同型号、相同安装方式和相同安装高度的灯具，可以只标注一处。

【识读训练】 灯具识读，说明以下灯具的含义，其中 Y 表示荧光灯，H 表示花灯，F 表示防水防尘灯。

(1) $4\text{-}Y\dfrac{2\times40}{3.5}CS$ 表示_____

_____

(2) $1\text{-}H\dfrac{9\times60}{3.6}C$ 表示_____

_____

(3) $2\text{-}F\dfrac{1\times80}{3.5}DS$ 表示_____

_____

2.2.2 建筑电气照明系统施工图画法

码2-6
第2.2.1节
识读训练
参考答案

在施工图绘图时采用的是单线画法，单线画法指同一路径的电气管道或线路，不论多少根管或管内穿多少根线，均用一根粗图线来表示，然后在图线上用短撇或阿拉伯数字来表示导线的根数，如图 2-27 所示。

图 2-27 中，同一线管或线槽有 3 根线，在图线上标 3 根短撇或阿拉伯数字 3 表示。

图 2-27 单线画法

采用单线图画法时，线上不标注的一般为 3 根线，其他的数量应在线上进行标注。如图 2-28 的平面图，有些线上标注为 4、5，表示有 4 根线、5 根线，不标注的就是 3 根线。

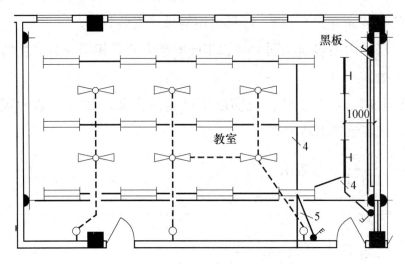

图 2-28 电气照明平面图

一般情况下，识读建筑电气照明系统施工图，可根据单线图画法的原理识读导线的根数。如果图示情况没有直接标注各段中包含的导线根数，就需要自己分析。

因为对于有开关控制的电气回路，火线必须经过开关后再进入灯座，零线直接进入灯座，地线与灯具的金属外壳相连，因此沿途的管内导线根数有可能会发生变化，图 2-28 中，标注的为什么是 4 或者 5 根线，需要对导线根数进行判断。

关于导线根数的判断，将在 2.5.5 节中以实际案例进行分析。

各条线路导线的根数及其走向是电气照明平面图的主要表现内容之一，真正清楚每根导线的走向及导线根数的变化原因，对初学者来说难度较大。

在识别线路连接情况时，应首先了解以下原则：

（1）穿线之前，需要明白，导线只能在线管内行走，不能游离于线管之外。

（2）规范规定：导线接头不能留在线管内，只能留在接线盒处（开关盒、灯头盒、插座盒）。

其次是了解各照明灯具的控制方式，应特别注意分清是采用 2 个甚至 3 个开关控制一盏灯的接线，然后再每条线路逐一查看，这样就可以清楚导线的数量了。

码2-7
回路及
系统图

2.2.3 回路、系统图及平面图

准确识读建筑电气照明施工图，关键是要理解电路回路、系统图和平面图表达的图面信息，下面重点对回路、系统图及平面图进行识读。

1. 三相电的火线、零线与地线

在我国末端用户使用的供电电压是 220V 和 380V，三相 380V 指 3 根火线之间的电压，也叫线电压，作为一般工业用电；220V 指任意一根火线与零线之间的电压，也叫相电压，作为一般居民用电。

目前我国低压三相交流电，对于大容量的建筑，采用三相四线或三相五线制供电，对于小容量的建筑，采用单相三线制电源。

以三相五线制电源为例，其中有三根是火线（也称为相线），用 L 表示，在电力系统中，火线是指专门提供电源的主要干线，火线颜色分别为黄色、绿色、红色，如图 2-29 所示。

另一根线是零线（也称中性线），用 N 表示，零线与相线（L）构成回路，对用电设备进行供电。零线颜色为淡蓝色。

还有一根地线，用 PE 表示，地线为非工作线，用于接用电器的金属外壳，作用是利用大地的绝对"0"电压，当设备外壳发生漏电，电流会迅速流入大地，从而保护人身安全和设备安全。地线颜色为黄、绿双色线。

入户的电路开关一般是将火线切断，并装有漏电保护器，以防人身触电事故发生。所以，开关一定要接在火线上，火线先连接到开关上，然后从开关引出，连接到用电设备上。零线和地线可以直接连接到用电设备。

入户常见插座有两孔、三孔两种插座。一般情况下，在两孔插座中，左孔连的是零线，右孔连的是火线；而在三孔插座中，上孔连的是地线，左孔连的是零线，右孔连的是火线，如图 2-30 所示。

2. 回路

回路是给电气负荷提供电气通路和保护的一组导线，包括相线、零线和地线的组合。如图 2-31 所示是给电灯供电的一个回路，它由灯、开关、导线组成，波浪线代表交流电源。在实际施工中，相线、零线、地线都是敷设在同一根线管或线槽里。线管和线槽的敷设，将在任务 2.5.1 照明管线施工工艺进一步学习。

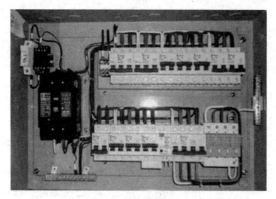

图 2-29　火线、零线、地线

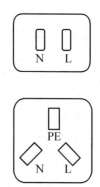

图 2-30　插座火线、零线、地线示意图

实际工程中，回路可以互相嵌套，大回路可以包含小回路，以建筑物某房间的回路为例，如图 2-32 所示。

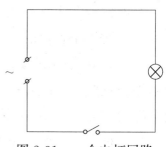

ab 两点连接了火线（相线）、零线、一个开关和一个灯，构成一个回路；而 *cde* 点，在给电饭锅供电时，除了火线、零线外，还需要接上地线，起安全保护的作用。*ab* 回路、*cde* 回路就包含在一个大回路中。

图 2-31　一个电灯回路

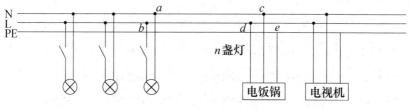

图 2-32　某房间的回路

理论上，1000 个负荷都可以接在一个回路上，但随着用电负荷的增多，线的直径越来越大，故障的风险也将越来越大，当某个点出现故障时，这个点之后的所有电器都将停电，基于这些考虑，应细分回路，如图 2-33 所示。

在图 2-33 的细分回路中，操场、教学楼、生活家电被细分成了三个回路，不管哪个回路出现故障，也不会影响其他回路。根据施工图的单线画法，将图 2-33 进行简化，如图 2-34 所示。

将简化的电路图负荷部分拿掉，保留这些回路的配电用途说明，就形成了一个简易的配电系统图，如图 2-35 所示。

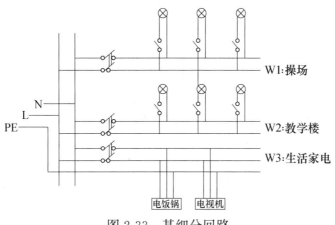

图 2-33 某细分回路

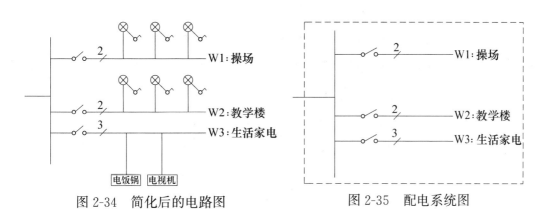

图 2-34 简化后的电路图　　　　图 2-35 配电系统图

通常，把总回路分成几个回路的部分，安装在一个箱子里，称为"配电箱"，同时，系统图表达内容有以下几点：

（1）电源的进线方式，包括进线材料、线制以及计量、控制元件；

（2）用电负荷是如何组织的，即用电负荷分成几个回路，每个回路如何控制；

（3）出线回路是如何敷设的，如线制、管线材料、明敷暗敷等。

码2-8 系统图识读和平面图识读

3. 系统图识读

系统图主要用于表达有哪些用电负荷，以及这些负荷的组织关系。

【案例】 识读图 2-36 某宿舍配电箱系统图。

识读如下：

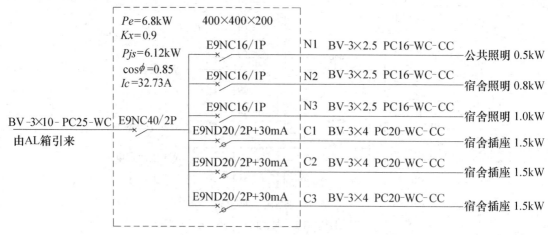

图 2-36　某宿舍 AL2 配电箱系统图

（1）电源进线由总配电箱 AL 引来，为 BV-3×10-PC25-WC，即电源进线为 3 根 10mm² 的塑料铜芯线，穿硬塑料管敷设，直径为 DN25，沿墙面暗敷。

（2）虚线内就是分配电箱的信息，其中：

1）分配电箱 AL2 的箱体尺寸为 400mm×400mm×200mm。

2）断路器控制总电源的通断，它的型号为 E9NC40/2P，2P 表示 2 极开关，额定电流为 40A。

3）设计参数图中，Pe 表示额定功率，Kx 表示使用系数，$\cos\phi$ 表示功率因数，Pjs 表示计算功率，Ic 表示计算电流。

4）用电负荷被分成 6 个回路，分别为 N1 公共照明回路，N2、N3 均为宿舍照明回路，C1、C2、C3 均为宿舍插座回路。

N1、N2、N3 照明回路均采用 3 根 2.5mm² 的塑料铜芯线，穿硬塑料管敷设，直径为 DN16，沿墙面暗敷，沿顶棚暗敷。

C1、C2、C3 插座回路均采用 3 根 4mm² 的塑料铜芯线，穿硬塑料管敷设，直径为 DN20，沿墙面暗敷，沿顶棚暗敷。

5）每个回路都有断路器控制，以 N1、C1 为例说明如下：

N1 回路的断路器为 E9NC16/1P，1P 表示单极开关，额定电流为 16A。

C1 回路的断路器符号有一个小圆圈，型号为 E9NC20/2P＋30mA，表示额定电流 20A，带漏电保护装置，漏电保护动作电流为 30mA。

4. 平面图识读

平面图主要用于表达用电器具的平面安装位置和管线走向。

【案例】　与图2-36对应的照明平面图为某宿舍二层照明平面图，见图2-37，配套的图例见表2-6。识读图2-37的照明平面图。

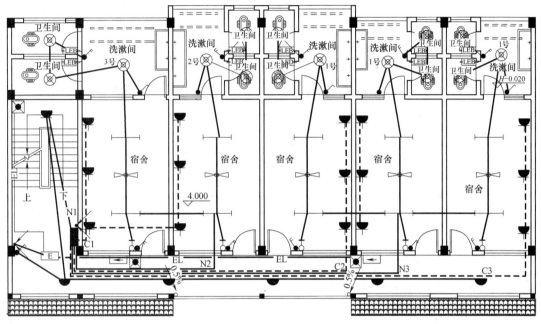

图2-37　某宿舍二层照明平面图

材料图例　　　　　　　　　　　　　　　　　　　　　　表2-6

序号	图例	名称	序号	图例	名称
1		配电箱	8		带保护接点暗装安全型插座
2		吸顶灯	9		风扇
3		单管荧光灯	10		风扇调速开关
4		防水防尘灯	11		单联开关
5	E	安全出口标志灯	12		双联开关
6		单向疏散指示灯	13		三联开关
7		自带电源事故照明灯			

识读如下：

(1) 在楼梯间处有一个配电箱的图例，即为 AL2。

(2) 从配电箱 AL2 引出的 N1、N2、N3、C1、C2、C3 回路。

下面以 N1、N2、C1 回路为例，说明识读内容。

N1 回路，是公共照明，给楼梯间和走廊供电，楼梯间和走廊布置的是吸顶灯，楼梯间休息平台处有一盏吸顶灯，走廊有 5 盏吸顶灯。开关为单联开关，布置在楼梯间，在 AL2 配电箱的对面。

N2 回路，是宿舍照明，给楼梯间旁的两间宿舍供电，每间宿舍荧光灯 2 盏，开关为双联开关，布置在每间宿舍的门边。每间宿舍配套 1 个洗漱间，配了 1 盏防水防尘灯，开关为单联开关，布置在洗漱间的门边。另外，每间宿舍还配套了 2 个卫生间，各配了 1 盏防水防尘灯，开关为双联开关，布置在卫生间相邻的墙上，靠近门边。

另外，每间宿舍还配有一个风扇，风扇的调速开关布置在宿舍门边，与荧光灯的开关相邻。

C1 回路，是插座回路，给楼梯间旁的两间宿舍的插座供电，线路用虚线绘制，每间宿舍的插座数为 3 个。

【识读实训】

识读图 2-37 某宿舍二层照明平面图，识读 N3、C2、C3 回路，说明以下问题：

（1）灯具布置情况（名称、数量）；

（2）开关布置情况（开关类型、布置位置）；

（3）插座布置情况（数量、布置位置）；

（4）风扇布置情况（数量、布置位置）；

（5）另外，请说明事故照明灯、安全出口标志灯、疏散指示灯的布置情况。

任务2.3 照明进户电缆施工、识图与算量

本任务主要介绍照明进户电缆的敷设方式和施工工艺，同时以附录 4 的图纸为例，学习照明进户电缆施工图识图、清单列项与算量的方法。

2.3.1 电缆敷设方式及施工工艺

1. 电缆敷设

常用的电力电缆的敷设方式有：直接埋地敷设、电缆沟敷设、穿管埋地敷设、沿建筑物明敷（明配线）、电缆桥架敷设，如图 2-38 所示。

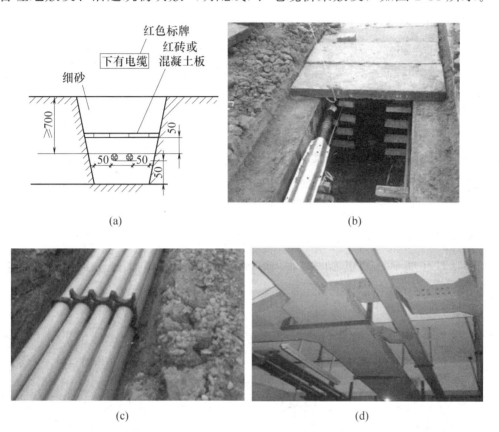

图 2-38 电缆敷设方式

（a）电缆直埋敷设；（b）电缆地沟敷设；（c）电缆穿管埋地敷设；（d）电缆桥架敷设

（1）直接埋地敷设

直接埋地敷设的电缆宜采用有外保护层的铠装电缆。

电缆直埋敷设的施工工序为：电缆检查→开挖沟槽→铺砂垫层→敷设电缆→铺砂盖保护板→土方回填→设置标桩。

1）电力电缆直埋敷设的深度不应小于 0.7m，如经过农田时不应小于 1m。

2）电缆沟槽的宽度，根据电缆的根数与散热所需的间距而定。沟槽截面宜为矩形（直槽）或梯形。

3）直埋电缆横向穿过铁路、公路等时，应穿保护套管（可选用钢管），套管长度应超出路基或街道路面两边各 1～2m，且应超出排水沟边 0.5m。保护套管内径不小于电缆外径的 1.5 倍，保证足够的散热空间。使用水泥管、石棉水泥管、陶土管作为保护管时，内径不应小于 100mm。

4）电缆长度应比沟槽长度多出 1.5%～2%，使电缆呈波浪形敷设，为热胀冷缩留下余地。

5）在电缆拐弯、接头、终点和进出建筑物等地段，应设置不低于 0.15m 高的标桩，位于城郊或空旷地域时，以间距 100m 设置标桩，城乡区域适当加密。

电缆直埋敷设的优点是施工简便、建设费用较低。缺点是发生故障后检修更换需挖开地面，影响交通。因此，重要电力负荷不宜采用直埋敷设，在大面积混凝土地面或道路密集区域不宜采用直埋敷设方式。

（2）电缆沟敷设

电缆在专用电缆沟或隧道内敷设，这是室内外常见的电缆敷设方法。电缆沟一般设置在地下，有砖砌成的，也有浇筑混凝土的，顶部用混凝土盖板封住，如图 2-39 所示。

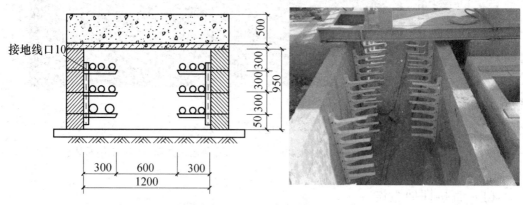

图 2-39　室内电缆沟

室内电缆沟施工工序为：电缆检查→开挖电缆沟→地基处理、浇筑混凝土底板→砌沟墙（同时埋设电缆支架）→抹灰→敷设电缆→支架接地线→铺地沟盖板。

室内电缆沟敷设要求：

1）电缆沟底应平整，坡度1%，坡向集水井（大约每50m设置一个）。如经过高地下水位区域时，集水井内设置排水泵，便于排除积水。

2）电缆支架层间的最小垂直净距符合规定，10kV及以下电力电缆为150mm，控制电缆为100mm。支架需做好防腐处理。支架水平间距应符合设计要求。

3）有多层支架时，各类电缆的高低位置应符合以下规定：高压电力电缆在低压电力电缆的上层；电力电缆在控制电缆的上层；强电控制电缆在弱电控制电缆的上层。如果沟的两侧都有支架时，1kV以下的电力电缆与控制电缆应与1kV以上的电力电缆分别敷设在不同侧的支架上。电缆与支架之间应用衬垫橡胶垫隔开，不得直接搁在支架上。

4）敷设在电缆沟的电缆与热力管道、热力设备之间的净距，平行时不应小于1m，交叉时不应小于0.5m。

电缆在沟内需要穿越墙体或顶板时，应穿保护钢管。

（3）穿管埋地敷设

电缆穿管埋地敷设可分为两种：穿单管埋地敷设和穿多根管埋地敷设（一般不超过12根）。通常采用的材质是钢管、PVC-C塑料管。

其施工工序为：电缆检查→开挖沟槽→埋管→砌电缆井→覆土→管内穿电缆→制作安装电缆接头→绝缘测试→设置标桩。

施工时应注意管外顶部距地面不应小于0.7m，如有并排的管，两者外皮净距不小于20mm。排管方式埋设时，按规定间距使用专用的管箍，分上下两排管。管的坡度不应小于0.5%，坡向电缆井，便于集中排水。

2. 电力电缆接头

电缆敷设完毕后，各线段必须连接为一个整体，将一段段敷设好的电缆连接起来的接头称为中间接头，电缆与电源或负载等设备的接头称为终端头，它们统称为电缆头，如图2-40所示，其主要作用是锁紧和固定进出线、防水、防尘、防振动，确保电缆密封、线路畅通。

电缆头按制作安装材料可分为热缩式、干包式和环氧树脂浇注式。最常用的是热缩式。

（1）热缩式电力电缆终端头制作

其施工工序为：锯断→剥开保护层和绝缘层→清洗→内屏蔽层处理→焊接

图 2-40　电力电缆接头

地线→压连接管及接线端子→装热缩管→加热成形→安装→接线→线路绝缘测试。

（2）干包式电力电缆终端头制作

其施工工序为：锯断→剥开保护层和绝缘层→清洗→包缠绝缘→压连接管及接线端子→安装→接线→线路绝缘测试。

（3）环氧树脂浇注式电力电缆终端头制作

其施工工序为：锯断→剥开保护层和绝缘层→清洗→包缠绝缘→压连接管及接线端子→装终端盒→配料浇注→安装→接线→线路绝缘测试。

3. 防火堵洞

凡是桥架、母线在穿越不同的防火分区时都需要做防火堵洞，如图 2-41 所示。防火堵洞是指采用防火封堵材料对因电缆穿过墙壁、楼板时形成的空开口、贯穿孔口或缝隙进行密封或填塞，以阻止热量、火焰和烟气蔓延扩散的一种技术措施，防火堵料应具有优良的防火功能。

4. 电缆的试验

电力电缆线路施工完毕后，需试验合格办理交接验收手续方可投入运行。电力电缆的试验项目有：测量绝缘电阻、直流耐压试验并测量泄漏电流、检查电缆线路的相位（要求两端相位一致，并与电网相位吻合）。

图 2-41 防火堵洞

2.3.2 进户电缆识图

建筑电气照明系统的识图，宜从输电方向开始，即进户电缆→总配电箱→配电干线→分配电箱→配电支线→照明器具及开关插座。

进户电缆识图需结合第 2.1.3 节进户线模块及表 2-1～表 2-3 进行识读。

实训任务单：某教学楼进户电缆识读

1. 目的

在教师指导下，从相关工程项目的施工图中获取信息，完成学习情境引导文的节点训练任务，训练学生建筑电气照明施工图识读的实操能力。

2. 工作任务

（1）图纸详见：附录 4 某教学楼电气照明施工图。

（2）工作任务：识读图纸，根据建筑电气照明系统的基本知识，完成学习情境引导文。

【学习情境引导文】

进户电缆识图

阅读附录 4 的一层照明平面图（进户电缆部分的平面图见图 2-42），结合电气设计说明的内容，回答以下问题：

1. 先阅读电气设计说明，该建筑所有用电设备均为_____负荷。电源

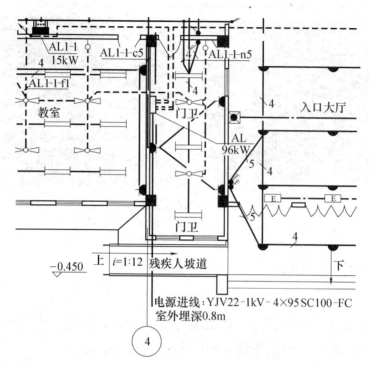

电源进线：YJV22-1kV-4×95SC100-FC
室外埋深0.8m

④

图 2-42　进户电缆平面图

从室外采用_____型电缆引入。

2. 然后识读一层照明平面图（或图 2-42），回答以下问题：

（1）进户电缆在_____面（填写东、南、西、北），从一层的_____轴处引入。

（2）电源进线为 YJV22-1kV-4×95 SC100-FC，其各项符号含义分别为：

YJV：_____

22：_____

1kV：_____

4×95：_____

SC100：_____

FC：_____

（3）室外地坪标高为_____ m。进户电缆在室外的埋深为_____ m，进入门卫室后，出地面再进入总配电箱。因此，进户电缆的标高为_____ m。

3. 识读配电箱系统图一，AL 配电箱的尺寸为_____，安装方式为_____，配电箱距地高度为_____ m。

4. 结合电缆敷设的施工工艺，初步确定以下施工内容：

（1）电缆敷设完毕后，要考虑电缆头制作安装，电缆与负载相连时要制作电缆头，制作安装的材料，本项目电气设计说明里没有明确，因此，假设本项目采用最常用热缩式电缆头。

（2）进户电缆的电缆保护管 SC100，从室外埋深进入到室内，需进行防火堵洞。

2.3.3　进户电缆工程量计算

码2-10 第2.3.2节学习情境引导文参考答案

码2-11 进户电缆列项及算量

【任务】　编制进户电缆工程量清单

识读附录 4 的一层照明平面图，编制电力电缆、电缆保护管、电力电缆头、电缆保护管防火堵洞、电缆挖、填土方等项目的工程量清单，请按提示完成编制工作。

【任务实施】

1. 列项

下列分部分项工程量清单中，已根据第 2.3.2 节的进户电缆识图结果填写了项目名称和项目特征，请查阅本书附录 2 的 D.8 电缆安装分部和第 1.8.2 节的土方开挖、土方回填的清单项目，将表中的项目编码和计量单位填写完整。

2. 确定工程量计算规则

由附录 2 的 D.8 电缆安装分部和第 1.8.2 节的土方开挖、土方回填的清单项目，查得电力电缆、电缆保护管、电力电缆头、电缆保护管防火堵洞、电缆挖、填土方等项目的计算规则见表 2-7。

（1）电缆保护管的工程量计算规则为：按设计图示尺寸以长度计算。

其中：

1）电缆保护管水平段的工程量应在平面图上量取，在平面图上量取水平

分部分项工程量清单　　　　　　　　　　　　　　　　表 2-7

序号	项目编码	项目名称	项目特征	计量单位	工程量
1		电力电缆	YJV22-1kV-4×95 穿保护钢管 埋地敷设		
2		电缆保护管	SC100 埋地敷设		
3		电力电缆头	热缩式电缆头制作安装 95mm²		
4		防火堵洞	电缆保护管防火堵洞		
5		土方开挖	挖沟槽土方 人工开挖 一般土		
6		土方回填	夯填		

长度时，应事先了解图纸的比例。

2）电缆保护管垂直段长度＝配电箱安装底标高－电缆保护管埋地的标高

（2）电力电缆的工程量计算规则为：按设计图示尺寸以长度计算（含预留长度及附加长度）。

$$电缆工程量＝（图示电缆长度＋预留长度）×（1＋2.5\%）$$

说明：

1）电缆长度以电缆保护管的长度为基础，再加预留长度。

2）电缆进出挂墙配电箱的预留长度按"高＋宽"（即半周长）计算。电缆敷设的预留（附加）长度按表 2-8 考虑。

电缆敷设的预留（附加）长度　　　　　　　　　　　　表 2-8

序号	项　　目	预留长度	说　明
1	电缆敷设松弛度、波形弯曲、交叉等	2.5%	按电缆全长计算
2	电缆进入变电所	2.0m	规范规定的最小值
3	电缆进入沟内或吊架时引上(下)预留	—	按实际计算
4	电力电缆终端头	1.5m	检修余量最小值
5	电缆中间接头盒	两端各2.0m	检修余量最小值
6	电缆进控制、保护屏及模拟盘等	高＋宽	按盘面尺寸
7	高压开关柜及低压配电盘、柜	2.0m	—

序号	项　目	预留长度	说明
8	电缆至电动机	0.5m	从电机接线盒起计算
9	电缆绕过梁柱等增加长度	按实计算	按被绕物的断面情况
10	挂墙配电箱	高+宽	按半周长计算

（3）电力电缆头的工程量计算规则为：按设计图示数量计算。

本项目进户电缆连接到配电箱，按1个终端头考虑。

（4）防火堵洞的工程量计算规则为：按设计图示数量计算。

本项目电缆保护管从室外穿墙进入到室内，需要考虑1处防火堵洞。

（5）电缆挖、填土方工程量计算方法：

在本书附录2的D.15说明中，电缆挖、填土方应按现行国家标准《房屋建筑与装饰工程工程量计算规范》GB 50854相关项目计算工程量，而在具体土方项目中描述应按各省、自治区、直辖市或建设行业主管部门的规定实施。

因此，此处电缆挖、填土方工程量计算参考《建设工程工程量计算规范广西壮族自治区实施细则》（修订本）GB 50854～50862—2013"第三册　通用安装工程"的相关方法。清单项目编码在任务1.8.2土方开挖、土方回填已列出，具体的计算方法为：

1）电缆保护管埋地敷设，其土方量凡有施工图注明的，按施工图计算；无施工图的，一般按沟深0.9m，沟底按最外边的保护管两侧边缘各增加0.3m工作面计算。

2）保护管管径小于$DN200$，管道回填土不用扣除管道所占体积，土方回填工程量等于土方开挖工程量。

3）直埋电缆的挖、填土（石），除特殊要求外，可按表2-9计算土方量。

直埋电缆的挖、填土（石）方量　　　　表2-9

项目	电缆根数	
	1或2根	每增1根
每米沟长挖方量	0.45	0.153

3. 按照规则，依据图纸，填列计算式并计算工程量

（1）计算进户电缆保护钢管工程量

进户电缆保护管的工程量，由埋地部分和出地面后到配电箱底部的部分组成，单位为"m"。

具体计算式为：→8.64＋↑(0.8＋0.45＋1.0)＝10.89m

解析：

"→"表示水平敷设的钢管，通过量取和比例换算得 8.64m。注意量取到门卫室总配电箱时，应量到总配电箱图例所在墙身中心线。"↑"表示垂直的钢管，从地下到总配电箱底部止，包括埋深 0.8m，室外地坪到室内地坪 0.45m，室内地坪到总配电箱底部 1.0m。注意，此时需去看配电箱系统图 1 中的 AL 配电箱，"暗装距地 1.0m"。垂直走向的管线，都要注意设计说明中关于设备安装高度、标高等的描述，后续计算会多次用到。

（2）计算进户电缆工程量

计算式：电缆工程量＝（图上量取长度＋预留长度）×1.025，单位为"m"。

具体计算式为：[10.89＋(1.0＋0.8)]×1.025＝13.01m

解析：

10.89m 即保护钢管的长度。

(1.0＋0.8) m 是指预留长度，为配电箱的"高＋宽"，配电箱的尺寸为 1000mm×800mm×200mm。

1.025m 是指电缆的附加长度，按电缆全长增加 2.5%。

电缆敷设的预留（附加）长度参照表 2-8 取值或计算。

（3）电缆头制作安装工程量

本案例只计算进入总配电箱的一个电缆终端头，采用最常用的热缩式。

（4）防火堵洞工程量

本案例只计算 1 处防火堵洞。

（5）计算土方开挖工程量

土方开挖工程量以沟槽的体积为依据，没有特别说明则默认为直槽，计算实方量，单位为"m³"。

具体计算式为：0.8×0.7×8.64 ＝ 4.84m³

解析：

0.8m 为电缆的埋深。此处忽略垫层的厚度，如考虑垫层，则还需要至少

0.1m 厚的砂垫层。

0.7m 即沟槽的下底宽度，为保护管 SC100 的直径 0.1＋工作面 0.3× 2＝0.7m。

8.64m 为沟槽的长度，即电缆埋地的水平长度。

因保护钢管直径较小（小于 DN200），所以管道回填土不扣除钢管所占体积，土方回填工程量等于土方开挖工程量。

请依据上述计算分析过程，完成工程量计算表格的填写（在表 2-10 中填写计量单位、计算式和工程量）

工程量计算表 表 2-10

序号	项目名称	计量单位	工程量	计算式
1	电缆保护管 SC100 埋地敷设			
2	电力电缆 YJV22-1kV-4×95 穿保护钢管 埋地敷设			
3	热缩式电缆头制作安装 95mm^2			
4	电缆保护管防火堵洞			
5	土方开挖			
6	土方回填			

4. 汇总并填写工程量

汇总后将工程量填写到分部分项工程量清单中（表 2-11），并将表中的项目编码和计量单位、工程量填写完整。

分部分项工程量清单 表 2-11

序号	项目编码	项目名称	项目特征	计量单位	工程量
1	030408001001	电力电缆	YJV22-1kV-4×95 穿保护钢管 埋地敷设	m	13.01
2	030408003001	电缆保护管	SC100 埋地敷设	m	10.89
3	030408006001	电力电缆头	热缩式电缆头制作安装 95mm^2	个	1
4	030408008001	防火堵洞	电缆保护管防火堵洞	处	1
5	桂 030413013001	土方开挖	挖沟槽土方 人工开挖 一般土	m^3	4.84
6	桂 030413014001	土方回填	夯填	m^3	4.84

码2-12 第2.3.3节 任务参考答案

2.4.1　配电箱组成及安装

1. 配电箱组成

（1）配电箱的组成

配电箱是在低压供电系统末端负责完成电能分流、控制、保护（即配电箱的三大作用）的设备，主要由导线、元器件（包括隔离开关、断路器等）及箱体等组成，如图 2-43 所示。三级配电二级漏电保护体制是指总配电箱—分配电箱—用户配电箱三级配电方式，在总配电箱和用户配电箱内必须安装漏电保护设备。

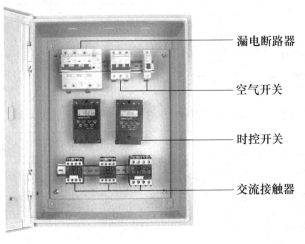

图 2-43　配电箱组成

（2）配电箱内常用元器件

配电箱内常用元器件有断路器、低压熔断器、接触器、保护器、电度表等。

1）断路器

低压断路器又称自动空气开关、低压空气开关，能带负荷通断电路，又能在短路、过负荷和失压时自动跳闸,见图 2-44。低压断路器按照用途可以分为配电用断路器、电动机保护用断路器、照明用断路器、漏电保护用断路器等。

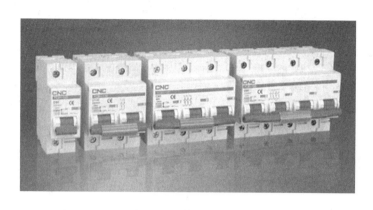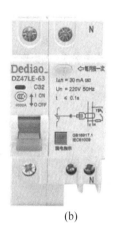

(a) (b)

图 2-44 断路器

(a) 配电用断路器;(b) 漏电保护开关

2) 低压熔断器

低压熔断器在低压配电系统中起短路保护和过负荷保护作用,为过载保护装置,又叫保险丝,如图 2-45 所示。

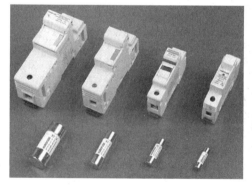

图 2-45 低压熔断器

3) 交流接触器

交流接触器作为线路或电动机的远距离频繁通断之用,如图 2-46 所示。

4) 浪涌保护器

浪涌保护器(电涌保护器)又称避雷器,如图 2-47 所示,对间接雷电和直接雷电影响或其他瞬间时过压的电涌进行保护。浪涌保护器要与接地系统相接。

图 2-46　交流接触器　　　　　　　图 2-47　施耐德浪涌保护器

5）电度表

电度表是用于测量电路中电源输出（或负载消耗）的电能的电度表，如图 2-48 所示。

图 2-48　电度表

（3）常用元器件电气图图例符号

常用元器件电气图图例符号见表 2-12。

2. 配电箱安装

配电箱的安装方式有明装和暗装两种，分别如图 2-49、图 2-50 所示。

常用的电气图图例符号 表 2-12

图 例	名称	备注	图 例	名称	备注
⊶⊙⊙	双绕组	形式 1	▭	电源自动切换箱(屏)	
	变压器	形式 2	⊶⌐	隔离开关	
⊙⊙⊙	三绕组	形式 1	⊶⌐	接触器(在非动作位置触点断开)	
	变压器	形式 2			
⊙	电流互感器	形式 1	⊶×⌐	断路器	
	脉冲变压器	形式 2			
⊙⊙	电压互感器	形式 1 形式 2	⊶▭⌐	熔断器一般符号	
▭	屏、台、箱柜一般符号		⊶▱⌐	熔断器式开关	
▬	动力或动力—照明配电箱		⊶▱⌐	熔断器式隔离开关	
▬	照明配电箱(屏)		⊶▶⌐	避雷器	
(V)	指示式电压表		(A)	指示式电流表	
(cosφ)	功率因数表		Wh	有功电能表(瓦时计)	

　　明装配电箱有落地式和悬挂式两种。悬挂式配电箱安装时箱底一般距地 2m;暗装配电箱一般箱底距地 1.5m。不论是明装还是暗装配电箱,其导线进出配电箱必须穿管保护。

　　成套配电箱的安装程序是:现场预埋→管与箱体连接→安装盘面→装盖板(贴脸及箱门)。

2.4.2 配电箱识图

　　一栋公共建筑的配电箱通常包括:总配电箱、分配电箱、用户配电箱。需先判别它们采用哪种配电方式,再看懂每种配电箱的系统图,明白各种图例、

电气竖井内明装配电箱　　　　　　室外明装配电箱

图 2-49　明装配电箱

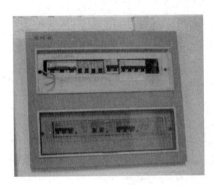

图 2-50　暗装配电箱

文字、代号、数字的含义。

实训任务单：某教学楼配电箱识读

1. 目的

在教师指导下，从相关工程项目的施工图中获取信息，完成学习情境引导文的节点训练任务，训练学生建筑电气照明施工图识读的实操能力。

2. 工作任务

（1）图纸详见：附录 4 的系统图和配电箱系统图一～图三。

（2）工作任务：识读图纸，根据建筑电气照明系统的基本知识，完成学习情境引导文。

识读顺序

第一步：先识读附录 4 的"配电干线系统图"（图 2-51），了解配电方式。

第二步：以附录 4 的配电箱系统图一中的 AL 和 AL1-1 配电箱系统图（图 2-52 和图 2-53）为例，讲解图中文字符号标注的含义和识读方法。

第三步：填写学习情境引导文，完成配电箱系统图识读。

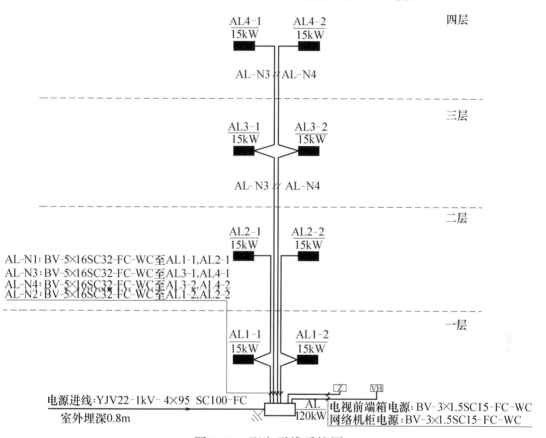

图 2-51   配电干线系统图

第一步：识读"配电干线系统图"

1. 电源进户线（按学习情境引导文填空）

识读图 2-51，此处标注的本项目电源进户线与一层平面图识读过的电源进户线信息是一致的，均为 YJV22-1kV-4×95 SC100-FC，室外埋深 0.8m。

即进户电缆为：_____

---

2. 配电方式（按学习情境引导文填空）

识读"配电干线系统图"，进户电缆先供电到总配电箱 AL，再由总配电箱分配供电到各分配电箱 AL1-1、AL1-2、…、AL4-2，其中 AL1-1、AL1-2 安装在一层，AL2-1、AL2-2 安装在二层，AL3-1、AL3-2 安装在三层，AL4-1、AL4-2 安装在四层。

因此，本工程的配电方式为_____。

各分配电箱的电源进线情况为：

（1）AL-N1：BV-5×16SC32-FC-WC 至 AL1-1，AL2-1：表示从总配电箱 AL 至一层和二层的分配电箱 AL1-1 和 AL2-1，此线路为 N1 回路，为 5 根 BV-16 的塑料绝缘铜芯线，单根截面积为 16mm^2，穿钢管 SC32，沿墙或沿楼板暗敷。

（2）AL-N3：BV-5×16SC32-FC-WC 至 AL3-1，AL4-1：_____

_____。

（3）AL-N4：BV-5×16SC32-FC-WC 至 AL3-2，AL4-2：_____

_____。

（4）AL-N2：BV-5×16SC32-FC-WC 至 AL1-2，AL2-2：_____

_____。

第二步：识读"配电箱系统图"

码2-14 配电干线系统图识读参考答案

以附录 4 的配电箱系统图一中的 AL 和 AL1-1 配电箱系统图（图 2-52 和图 2-53）为例，讲解图中文字符号标注的含义和识读方法。

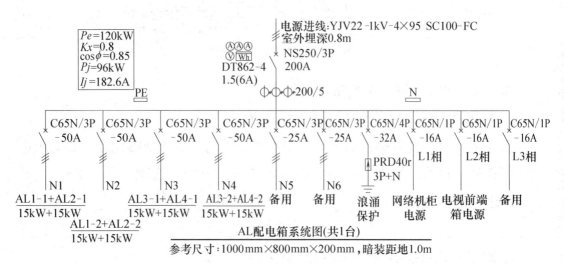

图 2-52　AL 配电箱系统图

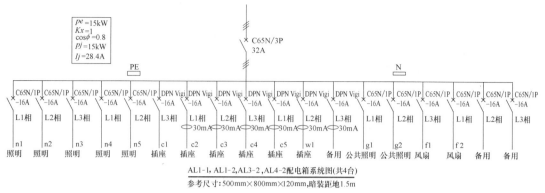

AL1-1, AL1-2, AL3-2, AL4-2配电箱系统图(共4台)
参考尺寸:500mm×800mm×120mm,暗装距地1.5m

图 2-53　AL1-1、AL1-2、AL3-2、AL4-2 配电箱系统图

1. 电表系统图识读

图 2-52 中，属于三相电表系统图的部分如图 2-54 所示，设计参数如图 2-55 所示。

图 2-54　三相电表系统图

图 2-55　设计参数图

图 2-54 中，Ⓐ 表示电流表，Ⓥ 表示电压表，$\boxed{Wh}$ 表示电度表，DT862-4 表示三相四线有功电表，862 为设计序号，1.5（6A）表示额定电流为 1.5A，

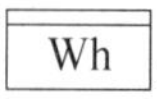

最大电流为 6A，表示断路器，NS250/3P-200A 为该断路器的型号规格，NS250 表示施耐德断路器 NS 系列塑壳式断路器，3P 表示三级，如发生故障可同时切断 3 根相线，200A 表示开关额定电流为 200A；200/5 表示电流互感器，电流比为 200/5。

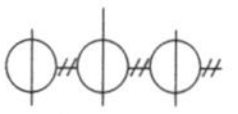

图 2-55 中，Pe 表示额定功率，Kx 表示使用系数，$\cos\phi$ 表示功率因数，Pj 表示计算功率，Ij 表示计算电流。

2. 断路器系统图识读

图 2-52 中，属于断路器系统图的部分如图 2-56 所示。它表示小型断路器

系统图。

C65N/3P-50A 中，C65 是产品序列号，N 指分断能力（N 为 600A），3P 表示 3 极开关，额定电流为 50A。

图 2-56 中，此开关是分断 N1 回路的，即分断从总配电箱 AL 至分配电箱 AL1-1、AL2-1 这一段干线。

3. 浪涌保护器系统图识读

图 2-52 中，属于浪涌保护器系统图的部分如图 2-57 所示。PRD40r 为施耐德浪涌保护器，浪涌保护器要与接地系统相接。

图 2-56　小型断路器系统图　图 2-57　浪涌保护器系统图　图 2-58　漏电开关系统图

4. 漏电开关系统图识读

图 2-53 中，属于漏电开关系统图的部分如图 2-58 所示。其中 DPN Vigi-16A 为施耐德/梅兰日兰的一种塑壳断路器的型号，表示额定电流为 16A，带漏电保护装置，漏电保护动作电流为 30mA，L1 相表示该回路接火线 L1 相（A 相），回路编号为 c2，为插座回路。

第三步：填写学习情境引导文，完成配电箱系统图识读

【学习情境引导文】

1. AL 配电箱识图

识读附录 4 的配电箱系统图一中的 AL 配电箱系统图，回答以下问题：

（1）配电箱的名称是_____，共_____台，应为_____配电箱（填写"总"或者"分"）。箱体宽度_____ mm，高度_____ mm，厚度_____ mm，安装方式为_____，箱体底部距地_____ m。

（2）从进户电缆（电源进线）开始识读。

1）三条斜杠代表＿＿＿＿＿＿，接一个＿＿＿＿＿＿，型号是 NS250/3P 200A 。其中，3P 表示＿＿＿＿＿＿＿，200A 表示＿＿＿＿＿＿＿。

2）该配电箱安装了＿＿＿＿个电流表，＿＿＿＿个电压表，＿＿＿＿个电度表。其中，电度表的型号为 DT862-4，1.5（6A）：1.5 表示＿＿＿＿＿，（6A）表示＿＿＿＿＿。

3）该配电箱还安装了电流互感器，它的符号是＿＿＿＿＿＿，其中 200/5 表示＿＿＿＿＿。

4）PE 表示＿＿＿＿＿＿，N 表示＿＿＿＿＿＿。由此可知，本建筑的配电方式是＿＿＿＿相＿＿＿＿线制。

（3）识读左上角的设计参数图。

Pe 表示＿＿＿＿＿＿，数值为＿＿＿＿；

Kx 表示＿＿＿＿＿＿，数值为＿＿＿＿；

$\cos\phi$ 表示＿＿＿＿＿＿，数值为＿＿＿＿；

Pj 表示＿＿＿＿＿＿，数值为＿＿＿＿；

Ij 表示＿＿＿＿＿＿，数值为＿＿＿＿。

（4）识读引出的干线。

1）包含 3 根相线的干线回路编号分别是＿＿＿＿、＿＿＿＿、＿＿＿＿、＿＿＿＿、＿＿＿＿、＿＿＿＿。

其中：N2 回路引至的分配电箱编号是 AL1-2＋AL2-2，即引至 1 层第 2 号配电箱和 2 层第 2 号配电箱；

N3 回路引至的分配电箱编号是＿＿＿＿＿＿，即引至＿＿＿＿＿＿配电箱和＿＿＿＿＿＿配电箱；

备用回路的编号是＿＿＿＿＿＿。

由 L1 相供电的干线给＿＿＿＿＿＿供电，由 L2 相供电的干线给＿＿＿＿＿＿供电，由 L3 相供电的干线作为备用回路。

2）所有线路所接的断路器型号为＿＿＿＿＿＿，但极数、额定电流不同，注意分别识读。

3）所接浪涌保护器的型号为＿＿＿＿＿＿，此处的断路器为 4P，表示＿＿＿＿＿＿，与浪涌保护器型号下方的 3P＋N 相对应。

4）从 N1～N4 干线分析得出：每根干线向＿＿＿＿个分配电箱供电，属于_____配电方式（填写"放射式"或"树干式"或"混合式"）；单独一根干线上的分配电箱_____（填写"串联"或"并联"）。

2. AL1-1 等配电箱识图

阅读附录 4 的配电箱系统图一中的 AL1-1、AL1-2、AL3-2、AL4-2 配电箱系统图，回答以下问题：

（1）这些配电箱属于_____配电箱（填写"总"或者"分"），均用一个系统图表示，说明它们规格、型号一致，仅安装位置不同。1-1 表示第一层的第 1 号箱，依次类推：1-2 表示第_____层的第_____号箱，3-2 表示第_____层的第_____号箱，4-2 表示第_____层的第_____号箱。

（2）箱体宽度_____ mm，高度_____ mm，厚度_____ mm，安装方式为_____，箱体底部距地_____ m。

（3）该类型箱的设计参数、断路器等信息的识读，同 AL 箱。需注意：插座回路 c1～c5、w1 和备用上接_____装置，漏电保护动作电流为_____。

（4）每条回路均为单相电源：

L1 相向 n1、n4、c2、c5 、g1、f2 回路供电；

L2 相向_____回路供电；

L3 相向_____回路供电。

3. 其他分配电箱识图

阅读附录 4 的配电箱系统图二和配电系统图三，回答以下问题：

（1）AL2-1 配电箱共_____台，箱体宽度_____ mm，高度_____ mm，厚度_____ mm，安装方式为_____，箱体底部距地_____ m。照明回路共_____条，插座回路共_____条，卫生间插座回路共_____条，公共照明回路共_____条，风扇回路共_____条，备用回路共_____条。

（2）AL2-2 配电箱共_____台，箱体宽度_____ mm，高度_____ mm，厚度_____ mm，安装方式为_____，箱体底部距地_____ m。照明回路共_____条，插座回路共_____条，卫生间插座回路共_____条，公共照明回路共_____条，风扇回路共_____条，备用回路共_____条。

（3）AL3-1 和 AL4-1 配电箱，它们编号不一样，但是规格和系统是一样的，它们的箱体宽度_____ mm，高度_____ mm，厚度_____ mm，安装方式为_____，箱体底部距地_____ m。照明回路共_____条，插座回路共_____条，卫生间插座回路共_____条，公共照明回路共_____条，风扇回路共_____条，备用回路共_____条。

2.4.3　配电箱工程量计算

码2-15 配电箱系统图识读学习情境引导文参考答案

【任务】　编制配电箱工程量清单

识读附录4的配电干线系统图和配电箱系统图，编制配电箱的工程量清单。请按提示完成编制工作。

【任务实施】

1. 列项

下列分部分项工程量清单中，已根据任务2.4.2配电箱识图的结果填写了项目名称和项目特征，请查阅本书附录2的D.4控制设备及低压电器安装分部，将表2-13中的项目编码和计量单位填写完整。

分部分项工程量清单　　　　　　　　　　表 2-13

序号	项目编码	项目名称	项目特征	计量单位	工程量
1		配电箱	AL 配电箱暗装。规格型号详见系统图		
2		配电箱	AL1-1、AL1-2、AL3-2、AL4-2 配电箱暗装。规格型号详见系统图		
3		配电箱	AL2-1 配电箱暗装。规格型号详见系统图		
4		配电箱	AL2-2 配电箱暗装。规格型号详见系统图		
5		配电箱	AL3-1、AL4-1 配电箱暗装。规格型号详见系统图		

2. 确定工程量计算规则

由本书附录 2 的 D.4 控制设备及低压电器安装分部，查取配电箱项目的计算规则为：按设计图示数量计算。

3. 按照规则，依据图纸，填列计算式并计算工程量

AL 配电箱：　　　　　　　　　　　　　　　　　　　共 1 台

AL1-1、AL1-2、AL3-2、AL4-2 配电箱：　　　　　　　共 4 台

AL2-1 配电箱：　　　　　　　　　　　　　　　　　共 1 台

AL2-2 配电箱：　　　　　　　　　　　　　　　　　共 1 台

AL3-1、AL4-1 配电箱：　　　　　　　　　　　　　　共 2 台

说明：在实际工作中，配电箱的数量还是比较容易统计汇总的，在编制清单时，可在编写项目编码、项目名称、项目特征和项目单位时，将数量统计汇总，一并填写。

4. 汇总并填写工程量

汇总后将工程量填写到分部分项工程量清单中，并将表 2-14 中的项目编码和计量单位、工程量填写完整。

分部分项工程量清单　　　　　　　　　　　　表 2-14

序号	项目编码	项目名称	项目特征	计量单位	工程量
1	030404017001	配电箱	AL 配电箱暗装。规格型号详见系统图	台	1
2	030404017002	配电箱	AL1-1、AL1-2、AL3-2、AL4-2 配电箱暗装。规格型号详见系统图	台	4
3	030404017003	配电箱	AL2-1 配电箱暗装。规格型号详见系统图	台	1
4	030404017004	配电箱	AL2-2 配电箱暗装。规格型号详见系统图	台	1
5	030404017005	配电箱	AL3-1、AL4-1 配电箱暗装。规格型号详见系统图	台	2

码2-16 第 2.4.3节 任务参 考学案

2.5.1　照明管线施工

码2-17 照明管线施工

照明线路敷设有明敷和暗敷两种方式。明敷是指线路敷设在建筑物表面可以看得见的部位，在建筑物全部完工以后进行，一般用于简易建筑或新增加的线路。暗敷是将穿线管预埋在墙、楼板或地板内，而将导线穿入管中，这种配线方式看不见导线，不影响屋内墙面的整洁美观。

常见的照明线路敷设方式有导管配线、线槽配线，在大跨度车间也用到钢索配线。

1. 导管配线

导管配线是将绝缘导线穿在线管中（图 2-59），然后再明敷或暗敷在建筑物的各个位置，使用不同的管材，可以适用于各种场所，主要用于暗敷设。

管材有金属管（钢管 SC、紧定式薄壁钢管 JDG、扣压式薄壁钢管 KBG、可挠金属管 LV、金属软管 CP 等，见图 2-60）和塑料管（硬塑料管 PC、刚性阻燃管 PVC、半硬塑料管 FPC，见图 2-61）两大类。

按照施工工艺要求，所有材质的导管配线均先配管，然后在管内穿线，为了穿线方便，在电线管路长度和弯曲超过下列数值时，中间应增设接线盒。接线盒如图 2-62 所示。

1）管子长度每超过 30m，无弯曲时。

2）管子长度每超过 20m，有一个弯时。

3）管子长度每超过 15m，有两个弯时。

4）管子长度每超过 8m，有三个弯时。

5）暗配管两个接线盒之间不允许出现四个弯。

下面以 PVC 塑料管暗敷设为例，介绍导管配线的施工。

（1）导管配线施工步骤

导管配线的施工步骤见图 2-63。

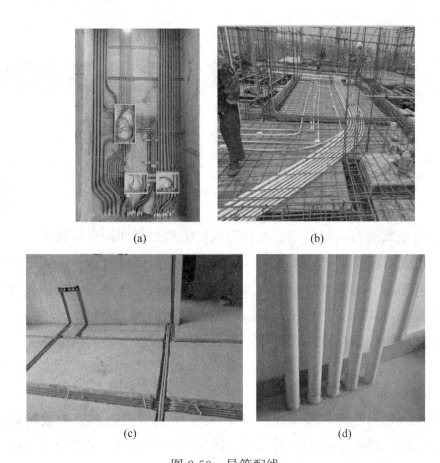

(a)
(b)
(c)
(d)

图 2-59 导管配线

（a）导管配线（沿墙面敷设）；（b）主体施工中预埋在楼板内的导管；

（c）沿墙面、沿地面凿槽敷设导管；（d）导管配线，明敷设

图 2-60 金属管

图 2-61　PVC 塑料管

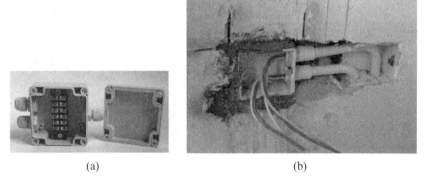

(a)　　　　　　　　　　　　　(b)

图 2-62　接线盒

（a）接线盒；（b）管与接线盒、导线连接

图 2-63　导管配线施工步骤

1）按照施工图纸的要求选择管材、管径。

2）根据管路布设的路径加工管，在超长时候要断管，在拐弯处要弯管，弯管操作示意见图 2-64、图 2-65，弯曲的方式有机械式和火煨式。

3）在现浇楼板和梁内配管。在土建施工过程中，在现浇板、梁内预埋管，对于金属管，还要进行良好的接地，把管配完以后，进行梁板的混凝土浇捣，如图 2-66 所示。

4）在砖墙内配管。先在砖墙上凿槽，在槽内配管，配管结束后须用砂浆找平，进行沟槽恢复，如图 2-67 所示。

5）扫管穿线，引线带电线实现管内穿线。

① 管内穿线工艺流程：选择导线→扫管→穿带线→放线与断线→导线与

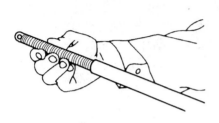

图 2-64　弯簧插入 PVC 管内

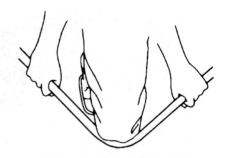

图 2-65　膝盖顶住煨弯处

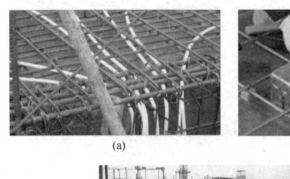

(a)

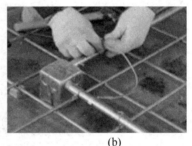

(b)

(c)

图 2-66　现浇楼板和梁内配管

(a) 现浇板内预埋管；(b) 金属管要进行接地；(c) 预埋好导管后，浇捣混凝土

带线的绑扎→管口带护口→导线连接→线路绝缘遥测。

② 穿线方法：穿线工作一般应在管子全部敷设完毕后进行。先清扫管内积水和杂物，再穿一根钢丝线做引线，当管路较长或弯曲较多时，也可在配管时就将引线穿好。一般在现场施工中如果管路较长，弯曲较多，从一端穿入钢引线有困难，多采用从两端同时穿钢引线，且将引线头弯成小钩，当估计一根引线端头超过另一根引线端头时，用手旋转较短的一根，使两根引线绞在一起，然后把引线拉出，就可以将引线的一头与需穿的导线结扎在一起。再由两人共同操作，一人拉引线，一人整理导线并往管中送，直到拉出导线为止。

(a)　　　　　　　　　　　　　(b)

(c)

图 2-67　砖墙内配管

（a）砖墙上凿槽；（b）槽内配管；（c）沟槽恢复

（2）导管配线注意事项

1）导管须按要求连接，管与管连接、管与器件连接示意图分别见图 2-68、图 2-69。管过伸缩缝须进行补偿设置，见图 2-70。

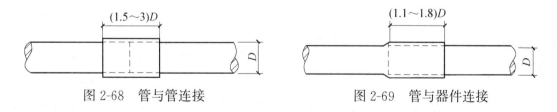

图 2-68　管与管连接　　　　　图 2-69　管与器件连接

2）管内穿线的工艺要求

① 对穿管敷设的绝缘导线，其额定电压不应低于 500V。爆炸危险环境照明线路的电线和电缆额定电压不得低于 750V，且电线必须穿于钢导管内。

② 管内导线包括绝缘层在内的总截面面积应不大于管内截面面积的 40%。

③ 导线在管内不应有接头和扭结，接头应放在接线盒（箱）内。

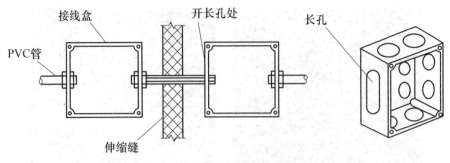

图 2-70 管过伸缩缝补偿装置

④ 电线、电缆穿管前应清除管内杂物和积水，管口应有保护措施，不进入接线盒（箱）的垂直管口穿入电线、电缆后，管口应密封。

⑤ 导线颜色要求：用黄色、绿色和红色的导线作为相线，用淡蓝色的导线作为中性线，用黄、绿色相间的导线作为保护地线。

⑥ 同一交流回路的导线必须穿于同一管内，不同回路、不同电压等级和不同电流种类的导线不得同管敷设，但下列几种情况除外：电压为 50V 及以下的回路；同一台设备的电源线路和无抗干扰要求的控制线路；同一花灯的所有回路；同类照明的多个分支回路，但管内的导线总数不应超过 8 根。

2. 线槽配线

线槽配线分为金属线槽明配线、地面内暗装金属线槽配线、塑料线槽配线。

线槽配线的施工工艺流程为：弹线定位→线槽固定→线槽连接→槽内布线→导线连接→线路检查、绝缘摇测。

（1）金属线槽配线（MR）：金属线槽材料有钢板、铝合金，见图 2-71；金

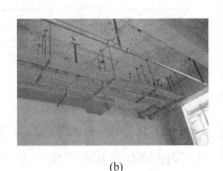

(a)   (b)

图 2-71 金属线槽

（a）金属线槽材料；（b）金属线槽安装实例

属线槽在不同位置连接示意见图 2-72。

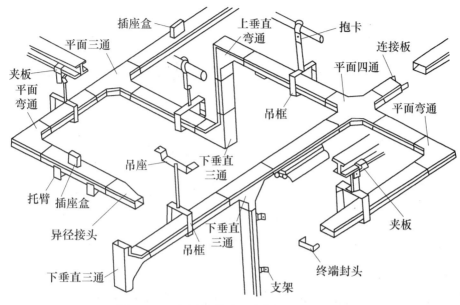

图 2-72　金属线槽在不同位置连接示意

工艺要求为：

1）金属线槽配线一般适用于正常环境的室内场所明配，但不适用于有严重腐蚀的场所。具有槽盖的封闭式金属线槽，其耐火性能与钢管相似，可敷设在建筑物的顶棚内。

2）金属线槽施工时，线槽的连接应连续无间断；每节线槽的固定点不应少于两个；应在线槽的连接处、线槽首端、终端、进出接线盒、转角处设置支转点（支架或吊架）。线槽敷设应平直整齐。

3）金属线槽配线不得在穿过楼板或墙壁等处进行连接。金属线槽还可采用托架、吊架等进行固定架设。

4）金属线槽配线时，在线路的连接、转角、分支及终端处应采用相应的附件。

5）导线或电缆在金属线槽中敷设时应注意：

① 同一回路的所有相线和中性线应敷设在同一金属线槽内。

② 同一路径无防干扰要求的线路可敷设在同一金属线槽内。

③ 线槽内导线或电缆的总截面面积不应超过线槽内截面面积的 20%，载流导线不宜超过 30 根。

④ 在穿越建筑物的变形缝时，导线应留有补充裕量，见图 2-73。

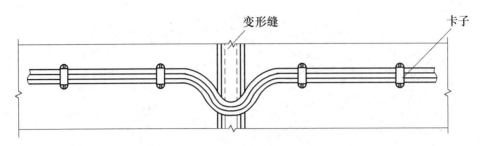

图 2-73　线缆在变形缝处的处理示意

6）金属线槽应可靠接地或接零，线槽的所有非导电部分的铁件均应相互连接，使线槽本身有良好的电气连续性，但不作为设备的接地导体。

7）从室外引入室内的导线，穿过墙外的一段应采用橡胶绝缘导线。穿墙保护管的外侧应有防水措施。

（2）地面内暗装金属线槽配线：地面内暗装金属线槽（实物见图 2-74）配线是将电线或电缆穿在特制的壁厚为 2mm 的封闭式金属线槽内，直接敷设在混凝土地面、现浇钢筋混凝土楼板或预制混凝土楼板的垫层内，见图 2-75。

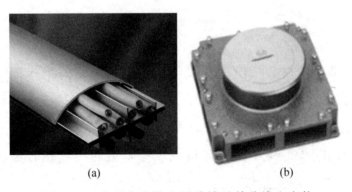

(a)　　　　　　　　　　　(b)

图 2-74　地面内暗装金属线槽及其分线盒实物

（a）金属线槽；（b）分线盒

无论是明装还是暗装，金属线槽均应可靠接地或接零，但不应作为设备的接地导线。

（3）塑料线槽配线（PR）：塑料线槽配线安装、维修、更换电线电缆方便，适用于正常环境的室内场所，特别是潮湿及酸碱腐蚀的场所，但在高温和易受机械损伤的场所不宜使用，如图 2-76、图 2-77 所示。

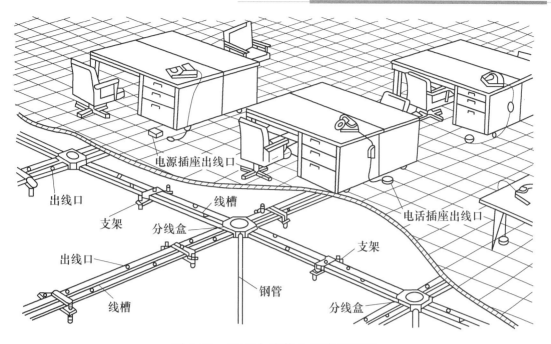

图 2-75　地面内暗装金属线槽配线

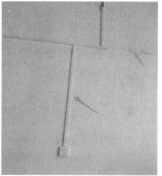

图 2-76　塑料线槽材料及安装实例

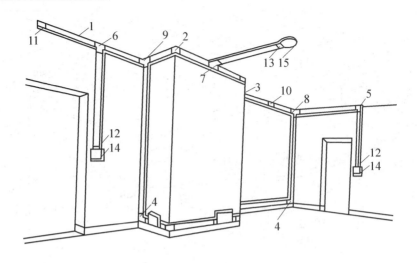

图 2-77 塑料线槽的配线示意

1—直线线槽；2—阳角；3—阴角；4—直转角；5—平转角；6—平三通；

7—顶三通；8—左三通；9—右三通；10—连接头；11—终端头；12—开关

盒插口；13—灯位盒插口；14—开关盒及盖板；15—灯位盒及盖板

工艺要求：

1）塑料线槽必须经阻燃处理，外壁应有间距不大于 1m 的连续阻燃标记和制造厂标。

2）强、弱电线路不应敷设于同一根线槽内。线槽内电线或电缆总截面面积不应超过线槽内截面面积的 20％，载流导线不宜超过 30 根。当设计无此规定时，包括绝缘层在内的导线总截面面积不应大于线槽截面积的 60％。

3）导线或电缆在线槽内不得有接头，分支接头应在接线盒内连接。

4）线槽敷设应平直整齐。塑料线槽配线，在线路的连接、转角、分支及终端处应采用相应附件。塑料线槽一般沿墙明敷设，在大空间办公场所内每个用电点的配电也可用地面线槽。

2.5.2 配电干线识图

配电干线识图宜先找到回路的"终点"和"起点"，即总配电箱→分配电箱。

实训任务单：某教学楼配电干线识读

1. 目的

在教师指导下，从相关工程项目的施工图中获取信息，完成学习情境引导文的节点训练任务，培养学生建筑电气施工图识读的实操能力。

2. 工作任务

（1）图纸详见：附录 4 的系统图中的配电干线系统图、配电箱系统图一～图三及一～四层照明平面图。

（2）工作任务：识读图纸，根据建筑电气系统的基本知识，完成学习情境引导文。

【学习情境引导文】

配电干线识图

阅读附录 4 的照明平面图，结合照明系统设计说明以及系统图的内容，回答以下问题：

1. 先识读系统图：本栋楼的配电方式是_____，由 AL 总配电箱引出的配电干线共_____条，分别向_____配电箱供电，干线编号分别为_____。

2. 结合配电箱系统图和平面图来分析：由 AL 总配电箱引出至 AL1-1 和 AL2-1 配电箱的干线回路编号为_____，干线信息为_____，即表示该回路采用_____

_____。

AL 总配电箱位于_____，AL1-1 配电箱位于_____，AL2-1 配电箱位于_____，所以结合平面图，该回路布线应由_____引至_____，再引至_____。

3. 结合配电箱系统图和平面图来分析：由 AL 总配电箱引出至 AL1-2 和 AL2-2 配电箱的干线回路编号为_____，干线信息为_____，即表示该回路采用_____

_____。

AL 总配电箱位于＿＿＿＿＿＿＿，AL1-2 配电箱位于＿＿＿＿＿＿＿，AL2-2 配电箱位于＿＿＿＿＿＿＿，所以结合平面图，该回路布线应由＿＿＿＿＿＿＿引至＿＿＿＿＿＿＿，再引至＿＿＿＿＿＿＿。

4. 结合配电箱系统图和平面图来分析：由 AL 总配电箱引出至 AL3-1 和 AL4-1 配电箱的干线回路编号为＿＿＿＿＿＿＿，干线信息为＿＿＿＿＿＿＿，即表示该回路采用＿＿＿；

AL 总配电箱位于＿＿＿＿＿＿＿，AL3-1 配电箱位于＿＿＿＿＿＿＿，AL4-1 配电箱位于＿＿＿＿＿＿＿，所以结合平面图，该回路布线应由＿＿＿＿＿＿＿引至＿＿＿＿＿＿＿，再引至＿＿＿＿＿＿＿。

5. 结合配电箱系统图和平面图来分析：由 AL 总配电箱引出至 AL3-2 和 AL4-2 配电箱的干线回路编号为＿＿＿＿＿＿＿，干线信息为＿＿＿＿＿＿＿，即表示该回路采用＿＿＿；

AL 总配电箱位于＿＿＿＿＿＿＿，AL3-2 配电箱位于＿＿＿＿＿＿＿，AL4-2 配电箱位于＿＿＿＿＿＿＿，所以结合平面图，该回路布线应由＿＿＿＿＿＿＿引至＿＿＿＿＿＿＿，再引至＿＿＿＿＿＿＿。

码2-19 第 2.5.2节 学习情境 引导文参 考答案

2.5.3　配电干线工程量计算

配电干线工程量计算包括两部分：电线导管长度、导线的长度（含管内、配电箱内）。

【任务】　编制配电干线工程量清单

识读附录 4 的照明平面图，结合照明系统设计说明以及系统图的内容，编制该建筑配电干线 N1 的工程量清单，将结果填写在分部分项工程量清单中（表 1-24）。

【任务演示】

1. 列项

在第 2.5.2 节配电干线识读实训中，从系统图中识读到，N1 干线信息为

BV-5×16 SC32-FC-WC，即表示该回路采用 5 根有效截面积为 16mm^2 的铜芯塑料绝缘导线，穿直径为 32mm 的钢管暗敷在地面内/暗敷在墙内。

查阅本书附录 2 的 D.11 配管、配线，配管、配线前面 9 位的项目编码均由附录 2 中直接查取，后面 3 位由编制人从 001 开始编制，项目名称直接从附录 2 中查取，项目特征按附录 2 的提示填写，查得单位为"m"。

另外，由于 BV-10mm^2 以上的导线是多股线，与配电箱开关相接一般需要安装焊接线端子或压接线端子。端子是指接线的一端，也就是线的头部，需要通过压接或者电焊之后和另外一个端头连接，一根导线每一端需安装一个焊（压）接线端子。

在国标清单中没有列接线端子的项目，本书参考广西清单实施细则列出接线端子的项目规定（表 2-15）进行列项。

列项结果见表 2-16。

焊压接线端子清单项目　　　　　　　　　　　　　表 2-15

项目编码	项目名称	项目特征	计量单位	工程量计算规则	工作内容
桂 030404039	焊、压接线端子	1. 名称 2. 型号 3. 规格	个	按设计图示 数量计算	安装

分部分项工程量清单　　　　　　　　　　　　　表 2-16

序号	项目编码	项目名称	项目特征	计量单位	工程量
1	030411001001	配管	1. 名称:电气暗配管 SC32 2. 材质:钢管 3. 规格:DN32 4. 配置形式:暗配	m	
2	030411004001	配线	1. 名称:配线 2. 配线形式:管内穿线 3. 型号:BV 4. 规格:16mm^2	m	
3	桂 030404039001	焊压接线端子	1. 名称:接线端子 2. 接线形式:铜焊 3. 规格:BV-16	个	

2. 确定工程量计算规则

由本书附录 2 中，可查取工程量计算规则如下：配管清单工程量按设计图示尺寸以长度计算，配线清单工程量按设计图示以单线长度计算（含预留长度）。

工程量计算不扣除接线盒、灯头盒、开关盒所占长度，以各配件安装平面位置的中心点为基准点测水平长度，以标高计算垂直长度。

工程量计算方法如下：

（1）先计算导管工程量

1）水平段导管的工程量应在平面图上量取，在平面图上量取管道的水平长度时，应事先了解图纸的比例。

2）垂直段的导管应按照"终点标高－起点标高"的方法计算。

（2）再计算导线的工程量

$$导线长度＝（导管长度＋预留长度）×导线根数$$

（3）导线预留量

配线进入箱、柜、盘、板盒的预留线按表 2-17 规定的长度分别计入相应的工程量。

配线进出箱柜、盘、板、盒的预留线（单位：m/极）　　　表 2-17

序号	项　　　目	预留长度	说明
1	各种开关箱、柜、板	高＋宽	盘面尺寸
2	单独安装（无箱、盘）的铁壳开关、闸刀开关、启动器、线槽进出线盒等	0.3	从安装对象中心管算起
3	由地面管子出口引至动力接线箱	1.0	从管口算起
4	电源与管内导线连接（管内穿线与软、硬母线接点）	1.5	从管口算起
5	出户线	1.5	从管口算起

（4）焊（压）接线端子工程量计算

由于 BV-10mm^2 以上的导线是多股线，与配电箱开关相接一般需要安装焊接线端子或压接线端子。一根导线每端需按照一个焊（压）接线端子计算。

计算规则：按设计图示数量计算。

3. 按照规则，依据图纸填列计算式并计算

计算步骤如下：

（1）计算导管的工程量

1）计算导管的水平长度：N1 干线水平段长度为 AL 总配电箱至 AL1-1 配

电箱之间的水平长度，计算示意图见图 2-78。

首先确定平面图的比例：④～⑤轴的标注长度为 3600mm，用尺子量取④～⑤轴的长度，假设量出来的长度为 36mm，3600÷36＝100，因此，本平面图的实际比例为 1∶100。

然后按不同管径分别计算。计算水平段管道时，用尺子量取，最后按实际比例换算成实际长度，由 N1 干线信息为 BV-5×16 SC32-FC-WC 可知，N1 干线只使用了 $DN32$ 的钢管。

SC32：在一层照明平面图里找到门卫室中的 AL 总配电箱，以配电箱中心为起点，沿着图中表达回路的中粗虚线量取尺寸，先往右边量为 7mm，接着往上边量为 33mm，接着往左边量为 56mm，再往下量为 5mm，再往左量为 8mm，最后往上引入至 AL1-1 配电箱中心为 3mm，合计长度为 7＋33＋56＋5＋8＋3＝112mm，实际长度＝112×100＝11200mm＝11.2m。

因此，N1 干线水平段需要 $DN32$ 的钢管 11.2m。

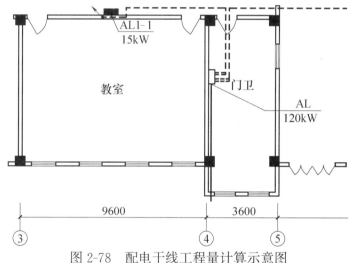

图 2-78　配电干线工程量计算示意图

2）计算导管的竖直长度：由系统图可知 AL 总配电箱的尺寸为 1000mm×800mm×200mm（宽×高×厚），安装高度为 1m，AL1-1、AL2-1 配电箱的尺寸为 500mm×800mm×120mm（宽×高×厚），安装高度为 1.5m，由一、二层照明平面图可知一层层高为 3.9m，且该干线 N1 为暗敷在地面内/暗敷在墙内，所以 N1 回路的竖直段导管布置方式如图 2-79 所示。

SC32：由 AL 总配电箱的安装高度为 1m 可知，从 AL 总配电箱底部至地面的导管长度为 1m；再由 AL1-1 配电箱安装高度为 1.5m 可知，从地面至

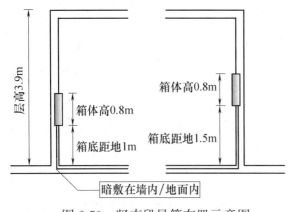

图 2-79 竖直段导管布置示意图

AL1-1 配电箱底部的导管长度为 1.5m；然后 AL1-1 配电箱的顶部至 AL2-1 配电箱的底部的导管长度为 $3.9-1.5-0.8+1.5=3.1m$，合计长度为 $1+1.5+3.1=5.6m$。

因此，N1 干线竖直段需要 $DN32$ 的钢管 5.6m。

汇总得：$11.2+↑5.6=16.8m$

（2）计算导线工程量

导线工程量的公式为：导线长度＝（导管长度＋预留长度）×导线根数

其中，导管长度已知，预留长度根据规则查表可知，AL 总配电箱一端需预留箱体高＋宽的长度，即 $800+1000=1800mm$，AL1-1 配电箱一端需预留两次箱体高＋宽的长度，即 $(800+500)×2=2600mm$，AL2-1 配电箱一端需预留箱体高＋宽的长度，即 $800+500=1300mm$；导线的根数可根据 N1 干线信息（BV-5×16 SC32-FC-WC）判断为 5 根，因此：

BV-16：$(16.8+1.8+2.6+1.3)×5=112.5m$

（3）焊（压）接线端子工程量计算

根据计算导线的工程量的公式：N1 干线回路均为 5 根 BV-16 的导线，所以由 AL 总配箱出线需要 5 个 BV-16 的接线端子，进入 AL1-1 配线箱需要 5 个 BV-16 的接线端子；再由 AL1-1 配线箱出线至 AL2-1 配电箱也需要 5 个 BV-16 的接线端子，最后进入 AL2-1 配线箱又需要 5 个 BV-16 的接线端子。

所以，共计 20 个（$5×4=20$）BV-16 的接线端子。

4. 汇总并填写工程量

汇总后将工程量填写到分部分项工程量清单中，结果见表 2-18。

分部分项工程量清单 表 2-18

序号	项目编码	项目名称	项目特征	计量单位	工程量
1	030411001001	配管	1. 名称:电气暗配管 SC32 2. 材质:钢管 3. 规格:$DN32$ 4. 配置形式:暗配	m	16.8

续表

序号	项目编码	项目名称	项目特征	计量单位	工程量
2	030411004001	配线	1. 名称:配线 2. 配线形式:管内穿线 3. 型号:BV 4. 规格:16mm^2	m	112.5
3	桂 030404039001	焊压接线端子	1. 名称:接线端子 2. 接线形式:铜焊 3. 规格:BV-16	个	20

【任务实训】

实训任务单：编制某教学楼配电干线工程量清单

1. 目的

在教师指导下，参考任务演示，完成下列训练任务，训练学生编制建筑配电支线工程量清单和计算配电支线工程量的实操能力。

2. 工作任务

（1）图纸详见：附录 4 的系统图中配电干线系统图，配电箱系统图一～图三及一～四层照明平面图。

（2）工作任务：识读图纸，根据照明管线列项和计算方法，编制以下项目的工程量清单。

1）计算 AL 总配电箱所有配电干线导管的工程量。

2）计算 AL 总配电箱所有配电干线导线的工程量。

3. 工作成果

将列项及工程量计算结果填入分部分项工程量清单中（表 1-24）。

2.5.4　配电支线识图

分配电箱至用电设备之间的电气管、导线为配电支线。配电支线识图同样宜先找到回路的"起点"和"终点"，即分配电箱→用电设备。

实训任务单：某教学楼配电支线识读

1. 目的

在教师指导下，从相关工程项目的施工图中获取信息，完成学习情境引导文的节点训练任务，培养学生建筑电气施工图识读的实操能力。

2. 工作任务

（1）图纸详见：附录 4 的配电箱系统图一～图三及一～四层照明平面图。

（2）工作任务：识读图纸，根据建筑电气系统的基本知识，完成学习情境引导文。

【学习情境引导文】

配电支线识图

阅读附录 4 的照明平面图，结合照明系统设计说明以及系统图的内容，回答以下问题：

1. 识读照明系统设计说明可知，照明分支配线除图中注明外，均采用

＿＿＿＿＿＿＿＿＿＿＿＿＿＿＿＿＿＿＿＿＿＿＿＿＿＿＿＿＿＿＿＿＿＿＿＿。未注明根数的线路均为＿＿＿＿＿＿＿＿＿＿＿根。穿金属管布线要求：1～3 根采用＿＿＿＿＿＿＿＿＿＿＿，4～5 根采用＿＿＿＿＿＿＿＿＿＿＿，6～7 根采用＿＿＿＿＿＿＿＿＿＿＿。

2. 识读配电箱系统图可知，AL1-1 配电箱的参考尺寸为＿＿＿＿＿＿＿＿＿＿＿，安装方式为＿＿＿＿＿＿＿＿＿＿＿，安装高度为＿＿＿＿＿＿＿＿＿＿＿，共有＿＿＿＿＿＿＿＿＿＿＿支线回路（填写数量，有几支回路），其中 n1 ～ n5 为＿＿＿＿＿＿＿＿＿＿＿回路，＿＿＿＿＿＿＿＿＿＿＿为插座回路，g1、g2 为＿＿＿＿＿＿＿＿＿＿＿回路，＿＿＿＿＿＿＿＿＿＿＿为风扇回路，另外 3 个回路为＿＿＿＿＿＿＿＿＿＿＿回路。

3. 结合平面图识读可知，AL1-1 配电箱中，＿＿＿＿＿＿＿＿＿＿＿回路为一层③、④轴和Ⓑ、Ⓒ轴相交所围的教室提供照明电力，＿＿＿＿＿＿＿＿＿＿＿回路为一层②、③轴和Ⓑ、Ⓒ轴相交所围的教室提供照明电力，＿＿＿＿＿＿＿＿＿＿＿回路为一层③、④轴和Ⓓ、Ⓔ轴相交所围的教室提供照明电力，＿＿＿＿＿＿＿＿＿＿＿回路为一层②、③轴和Ⓓ、Ⓔ轴相交所围的教室提供照明电力，＿＿＿＿＿＿＿＿＿＿＿回路为门卫室提供照明电力。

4. 结合平面图识读可知，AL1-1 配电箱中，_____回路为一层③、④轴和Ⓑ、Ⓒ轴相交所围的教室中的插座提供电力，_____回路为一层②、③轴和Ⓑ、Ⓒ轴相交所围的教室中的插座提供电力，_____回路为一层③、④轴和Ⓓ、Ⓔ轴相交所围的教室中的插座提供电力，_____回路为一层②、③轴和Ⓓ、Ⓔ轴相交所围的教室中的插座提供电力，_____回路为门卫室中的插座提供电力，w1 回路为_____中的插座提供电力。

5. 结合平面图识读可知，AL1-1 配电箱中，_____回路为一层左边公共走廊提供照明电力，_____回路为一层入口大厅提供照明电力，f1 回路为_____间教室的风扇提供了电力，f2 回路为_____间教室的风扇提供了电力。

6. 识读配电箱系统图可知，AL2-1 配电箱的参考尺寸为_____，安装方式为_____，安装高度为_____，共有_____支线回路，其中 n1 ~ n5 为_____回路，_____为插座回路，g1 为_____回路，_____为风扇回路，另外_____个回路为备用回路。

7. 结合平面图识读可知，AL2-1 配电箱中，_____回路为二层③、④轴和Ⓑ、Ⓒ轴相交所围的教室提供照明电力，_____回路为二层②、③轴和Ⓑ、Ⓒ轴相交所围的教室提供照明电力，_____回路为二层③、④轴和Ⓓ、Ⓔ轴相交所围的教室提供照明电力，_____回路为二层②、③轴和Ⓓ、Ⓔ轴相交所围的教室提供照明电力，_____回路为系正、副职办公室提供照明电力。

8. 结合平面图识读可知，AL2-1 配电箱中，_____回路为二层③、④轴和Ⓑ、Ⓒ轴相交所围的教室中的插座提供电力，_____回路为二层②、③轴和Ⓑ、Ⓒ轴相交所围的教室中的插座提供电力，_____回路为二层③、④轴和Ⓓ、Ⓔ轴相交所围的教室中的插座提供电力，_____回路为二层②、③轴和Ⓓ、Ⓔ轴相交所围的教室中的插座提供电力，_____回路为系正、副职办公室中的插座提供电力，w1 回路为_____中的插座提供电力。

9. 结合平面图识读可知，AL2-1 配电箱中，_____回路为二层左边公共走廊提供照明电力，f1 回路为_____间教室的风扇提供了电力，

f2 回路为＿＿＿＿＿＿＿＿＿＿间教室的风扇提供了电力。

10. 识读配电箱系统图可知，AL2-2 配电箱的参考尺寸为＿＿＿＿＿＿＿＿＿＿，安装方式为＿＿＿＿＿＿＿＿＿＿，安装高度为＿＿＿＿＿＿＿＿＿＿，共有＿＿＿＿＿＿＿＿＿＿支线回路，其中＿＿＿＿＿＿＿＿＿＿为照明回路，＿＿＿＿＿＿＿＿＿＿为插座回路，＿＿＿＿＿＿＿＿＿＿为公共照明回路，＿＿＿＿＿＿＿＿＿＿为风扇回路，另外＿＿＿＿＿＿＿＿＿＿个回路为备用回路。

11. 结合平面图识读可知，AL2-2 配电箱中，＿＿＿＿＿＿＿＿＿＿回路为二层⑦、⑧轴和Ⓑ、Ⓒ轴相交所围的小会议室提供照明电力，＿＿＿＿＿＿＿＿＿＿回路为二层⑧、⑨轴和Ⓑ、Ⓒ轴相交所围的小会议室提供照明电力，＿＿＿＿＿＿＿＿＿＿回路为二层⑧、⑨轴和Ⓓ、Ⓔ轴相交所围的系资料室提供照明电力，＿＿＿＿＿＿＿＿＿＿回路为二层⑥、⑧轴和Ⓓ、Ⓔ轴相交所围的系资料室、系办公室提供照明电力。

12. 结合平面图识读可知，AL2-2 配电箱中，＿＿＿＿＿＿＿＿＿＿回路为二层⑦、⑧轴和Ⓑ、Ⓒ轴相交所围的小会议室中的插座提供电力，＿＿＿＿＿＿＿＿＿＿回路为二层⑧、⑨轴和Ⓑ、Ⓒ轴相交所围的小会议室中的插座提供电力，＿＿＿＿＿＿＿＿＿＿回路为二层⑧、⑨轴和Ⓓ、Ⓔ轴相交所围的系资料室中的插座提供电力，＿＿＿＿＿＿＿＿＿＿回路为二层⑥、⑧轴和Ⓓ、Ⓔ轴相交所围的系资料室、系办公室中的插座提供电力，w1 回路为＿＿＿＿＿＿＿＿＿＿中的插座提供电力。

13. 结合平面图识读可知，AL2-1 配电箱中，＿＿＿＿＿＿＿＿回路为二层右边公共走廊提供照明电力，＿＿＿＿＿＿＿＿回路为二层提供应急照明电力，f1 回路为＿＿＿＿＿＿＿＿间教室的风扇提供了电力，f2 回路为＿＿＿＿＿＿＿＿间教室的风扇提供了电力。

码2-20 第2.5.4节学习情境引导文参考答案

2.5.5 配电支线工程量计算

配电支线工程量计算包括两部分：导管长度、导线长度。

一般配电支线在房间里的走向，不管明敷或者暗敷，从节省材料和安装便利性考虑，导管的敷设一般要求遵循就近原则。例如，室内的灯具线路，一般从配电箱上引沿墙至顶板，再至各个灯具及开关位置；室内的插座线路，一般从配电箱下引沿墙至地板，再至各个插座位置；工程实际项目，以图纸设计为准来确定。

计算配电支线时，按照其在空间里的走向，先确定导管长度，再计算导线长度。其计算要点如下：

1. 导管长度

计算支线导管的长度，与计算干线导管的工程量方法基本是一样的。需要注意的是插座回路，需要考虑"倒管"问题。

这是因为根据施工规范，管内穿线不允许有接头，因此，非末端插座有可能出现"倒管"，所谓"倒管"，是指非末端插座，其垂直段的导管有两根或两根以上的管段。

【案例 1】　某房间配电箱 AL，距地 1.4m 暗装，从 AL 向下引导管，沿墙面暗敷，导管内穿 3 根导线，然后沿地板面暗敷至房间里的两个插座，插座距地 0.3m，如图 2-80 所示。

导管引入第 1 个插座后，需从第 1 个插座处再向下引出一段导管，这段导管就是"倒管"，它沿墙面、地面引至第 2 个插座。

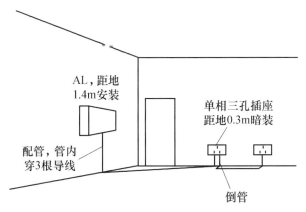

图 2-80　插座回路"倒管"示意图

在计算插座回路垂直段长度时，考虑"倒管"因素，安装高度相同的插座垂直段管的数量按 $2N-1$ 来计算，N 为一组线路里插座（插座安装高度要相同，比如同为距地 0.3m）的数量。

如图 2-80 所示有两个插座，则垂直段管长度为：

$$\downarrow 1.4+0.3\times(2\times 2-1)=2.3\text{m}$$

2. 导线长度

计算支线导线的长度时，需要分段计算。

干线的导线长度计算时只需要用图上长度乘以导线根数即可，因为在两个配电箱之间，导线直来直去，根数不会发生变化。而支线则不同，各节点（灯具、接线盒、开关盒等）之间的线路，包含导线的根数是不同的，需要根据实际情况计算。如果照明平面图已经直接标注了各段中包含的导线根数，则可以直接使用，如果没有标注，就需要具体分析。

干线是由上一级配电箱向下一级配电箱供电，仅仅一段，导线根数不变。支线上接有各种用电设备，分为多段，各段导线根数并不相同，需要分析接线方式确定各段导线根数，在计算导线工程量时一定要注意这一点。

【案例 2】　如图 2-81 所示，假设所有的分支配线均采用 BV-2.5mm^2 导线穿钢管暗敷，照明平面图已经直接标注了各段中包含的导线根数，其中与开关相连的导线为 4 根，即导线参数信息为 BV-4×2.5，所以计算该段导线时需要用图上长度乘以 4，其他未标注根数的线路则默认为 3 根，即导线参数信息为 BV-3×2.5，计算这些导线长度时用图上长度乘以 3。

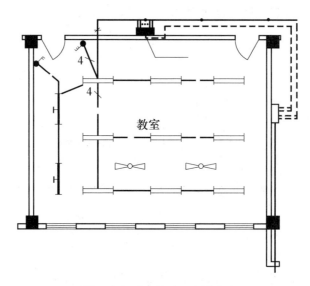

图 2-81　照明平面局部图

【案例 3】　如图 2-82 所示，假设所有的分支配线均采用 BV-2.5mm^2 导线穿钢管暗敷，判断各线路所含导线根数。

图 2-82 中没有直接标注各段包含的导线根数，所以需要进行分析：根据安装规定，在电气线路中，通常由零线（N）、地线（PE）、火线（L）三种导线组成，灯具和插座都是并联接于电源进线的两端，火线必须经过开关后再

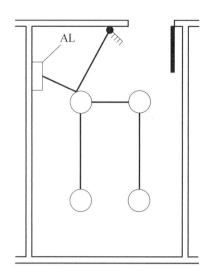

图 2-82　房间照明平面局部图

进入灯座，零线直接进入灯座，地线与灯具的金属外壳相连，即火线进开关，零线进灯头。按照电源进线至灯、灯至开关、灯至灯的顺序，依次分析。

（1）零线（N）不需要连接开关，直接连接灯具；即零线从配电箱出线，依次连接 4 盏灯，如图 2-83 中蓝线所示。

（2）地线（PE）与零线相似，不需要连接开关，直接连接灯具；即地线从配电箱出线，依次连接 4 盏灯，如图 2-83 中绿线所示。

（3）火线（L）需要先连接开关，再连接灯具；即火线从配电箱出线，经过 1 号吸顶灯，再连接到四联单控开关，再由四联单控开关引出 4 根起控制作用的火线，分别连接 4 盏灯具，如图 2-83 中红线所示。

综上所述，分析完三种导线布线方式，再从图中数出每段线路包含的导线根数：第一段（配电箱至 1 号吸顶灯）有 3 根导线，零线、地线、火线各 1 根；第二段（1 号吸顶灯至四联单控开关）有 5 根导线，分别为 1 根火线和 4 根起控制作用的火线；第三段（1 号吸顶灯至 2 号吸顶灯）有 4 根导线，分别为零线、地线和 2 根起控制作用的火线（1 根控制 2 号吸顶灯、1 根控制 4 号吸顶灯）；第四段（1 号吸顶灯至 3 号吸顶灯）有 3 根导线，分别为零线、地线和 1 根起控制作用的火线；第五段（2 号吸顶灯至 4 号吸顶灯）有 3 根导线，分别为零线、地线和 1 根起控制作用的火线。

【任务】　编制配电支线工程量清单

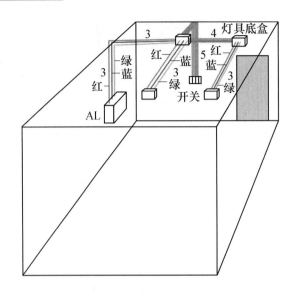

图 2-83　房间照明导线示意图

识读附录 4 的照明平面图，结合照明系统设计说明以及系统图的内容，编制该建筑一层门卫室照明回路的工程量清单，将结果填写在分部分项工程量清单中（表 1-24）。

【任务演示】

1. 列项

由配电箱系统图及照明平面图可知，门卫室照明回路即 AL1-1 配电箱的 n5 回路，由第 2.5.4 节的配电支线识读实训可知，该回路采用 BV-450/750V-2.5mm^2 导线穿钢管暗敷，再由平面图得，该回路既有 3 根的线路又有 4 根的线路，所以 3 根导线需穿 DN15 的金属管，4 根导线需穿 DN20 的金属管。

配管、配线按本书附录 2 的 D.11 配管、配线进行列项。

另外，本书附录 2 的 D.11 配管、配线的注释 7 为："配管安装中不包括凿槽、刨沟，应按本附录 D.13 相关项目编码列项"，即清单中所有电管暗配时均不含割槽、刨沟及所凿沟槽恢复，如果发生需要另行计算。

因此，开关管、插座管、进配电箱的电源管等暗敷在砖墙内时一般均需割槽、刨沟。需注意：预埋在梁、板内的管道不能计算割槽、刨沟工程量。

由本书附录 3 的 D.11 配管、配线、D.13 附属工程可知，配管、配线、凿槽前面 9 位的项目编码均由附录 2 直接查取，后面 3 位由编制人从 001 开始编制，项目名称直接从附录中查取，项目特征按附录提示填写，单位由附录中查得为"m"。

综上所述，列项结果见表 2-19。

分部分项工程量清单

表 2-19

序号	项目编码	项目名称	项目特征	计量单位	工程量
1	030411001001	电气暗配管 SC15	1. 名称:电气暗配管 SC15 2. 材质:钢管 3. 规格:DN15 4. 配置形式:暗配	m	
2	030411001002	电气暗配管 SC20	1. 名称:电气暗配管 SC20 2. 材质:钢管 3. 规格:DN20 4. 配置形式:暗配	m	
3	030411004001	管内穿线 BV-2.5	1. 名称:配线 2. 配线形式:管内穿线 3. 型号:BV 4. 规格:2.5mm^2	m	
4	030413002001	凿槽及恢复	1. 名称:凿槽 2. 规格:70mm×70mm	m	

2. 确定工程量计算规则

由本书附录 2 可查取工程量计算规则如下：

配管清单工程量按设计图示尺寸以长度计算；

配线清单工程量按设计图示以单线长度计算（含预留长度）；

凿槽清单工程量按设计图示尺寸以长度计算。

工程量计算方法如下：

（1）计算导管工程量

1）水平段导管的工程量应在平面图上量取，在平面图上量取管道的水平长度时，应先了解图纸的比例。

2）垂直段导管长度应按照"终点标高－起点标高"的方法计算。

3）由于存在不同规格的导管，在计算时应分规格按照分配电箱→用电设备的顺序依次计算，最后，将相同规格的工程量汇总。

（2）计算导线的工程量

导线长度＝（导管长度＋预留长度）×导线根数

注意：若工作中存在不同规格的导线，在计算时应分规格按照分配电箱→用电设备的顺序依次计算，最后，将相同规格的工程量汇总。

（3）导线预留量

配线进入箱、柜、盘、板盒的预留线按附录 3 的 D.15 相关问题及说明中的表 D.15.7-8 配线进入箱、柜、板的预留长度规定的长度（见表 2-17）分别计入相应的工程量。

（4）计算凿槽及补槽工程量

1）开关管的凿槽：从梁底算至开关盒。

2）插座管的凿槽：从楼板面算至开关盒。

3）进配电箱管的凿槽：

① 沿顶板敷设时，从梁底算至配电箱上边。

② 沿地板敷设时，从配电箱底边算至楼板面。

开关管、插座管、进配电箱管的凿槽实例如图 2-84 所示。

3. 按照规则，依据图纸填列计算式并计算

计算步骤如下：

（1）计算导管的工程量

1）计算导管的水平长度：门卫室照明回路（AL1-1 配电箱的 n5 回路）计算示意图如图 2-85 所示。

首先确定平面图的比例：④～⑤轴的标注长度为 3600mm，用尺子量取④～⑤轴的长度，假设量出来的长度为 36mm，3600÷36＝100，因此，本平面图的实际比例为 1∶100；按不同管径分别计算，计算水平段管道时，用尺子量取，最后按实际比例换算成实际长度。

SC15：在一层照明平面图里找到 AL1-1 配电箱，以该配电箱中心为起点，沿着图中表达回路的中粗实线量取尺寸，先往上边量为 5mm，接着往右边量为 61mm，接着往下边量为 19mm，再往右下方量至双管荧光灯的中心为 5mm，接着是连接三联单控开关和下一盏双管荧光灯的线路，这两条线路都

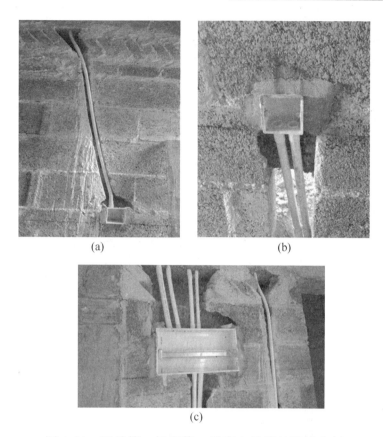

(a)　　　　　　　　　(b)

(c)

图 2-84　开关管、插座管、进配电箱管的凿槽实例

(a) 开关管的凿槽；(b) 插座管的凿槽；(c) 进配电箱管的凿槽

是 4 根导线，所以应算在 SC20 的工程量中，最后量取回路末端的两盏双管荧光灯之间的线路长度为 30mm，即 $5+61+19+5+30=120$mm，实际长度 $=120\times100=12000$mm$=12$m。

SC20：由第一盏双管荧光灯连接三联单控开关和下一盏双管荧光灯的线路为 4 根导线，所以其保护管为 SC20，量取这两段线路分别为 16mm 和 32mm，即 $16+32=48$mm，实际长度 $=48\times100=4800$mm$=4.8$m。

因此，n5 支线水平段需要 $DN15$ 的钢管 12m，$DN20$ 的钢管 4.8m。

2) 计算导管的竖直长度：由系统图可知 AL1-1 配电箱的尺寸为 500mm×800mm×120mm（宽×高×厚），安装高度为 1.5m，三联单控开关的安装高度为 1.3m，一层层高为 3.9m，从经济的原则考虑，照明灯具回路一般走顶棚，所以 n5 回路的竖直段导管布置方式如图 2-86 所示。

SC15：由 AL1-1 配电箱的安装高度为 1.5m 可知，从 AL1-1 配电箱顶部

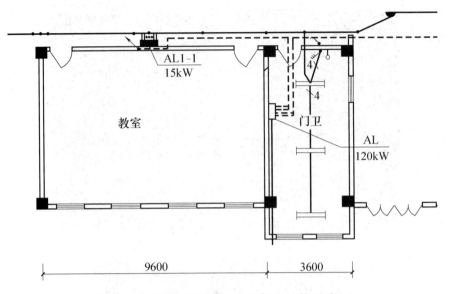

图 2-85　门卫室照明回路工程量计算示意图

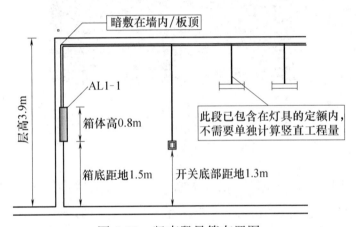

图 2-86　竖直段导管布置图

至一层顶板的导管长度＝3.9－1.5－0.8＝1.6m；

SC20：由三联单控开关的安装高度为 1.3m 可知，从一层顶板至三联单控开关的导管长度＝3.9－1.3＝2.6m。

因此，n5 支线竖直段需要 $DN15$ 的钢管 1.6m，$DN20$ 的钢管 2.6m。

长度汇总：SC15：12＋↑1.6＝13.6m

SC20：4.8＋↑2.6＝7.4m

（2）计算导线的工程量

根据导线工程量的计算公式：导线长度＝（导管长度＋预留长度）×导线根数，导管长度已知，SC15 的导管对应 BV-3×2.5 的导线，SC20 的导管对应

BV-4×2.5 的导线，预留长度根据规则查表得，AL1-1 配电箱一端需预留 BV-3×2.5 导线长度＝800＋500＝1300mm，因此：

BV-2.5：(13.6＋1.3)×3＋7.4×4＝74.3m

（3）开槽的工程量

开关管的凿槽：3.9－1.3＝2.6m

进配电箱管的凿槽：3.9－1.5－0.8＝1.6m

汇总得：2.6＋1.6＝4.2m

4. 汇总并填写工程量

汇总后将工程量填写到分部分项工程量清单中，结果见表 2-20。

分部分项工程量清单
表 2-20

序号	项目编码	项目名称	项目特征	计量单位	工程量
1	030411001001	电气暗配管 SC15	1. 名称:电气暗配管 SC15 2. 材质:钢管 3. 规格:DN15 4. 配置形式:暗配	m	13.6
2	030411001002	电气暗配管 SC20	1. 名称:电气暗配管 SC20 2. 材质:钢管 3. 规格:DN20 4. 配置形式:暗配	m	7.4
3	030411004001	管内穿线 BV-2.5	1. 名称:配线 2. 配线形式:管内穿线 3. 型号:BV 4. 规格:2.5mm^2	m	74.3
4	030413002001	凿槽及恢复	1. 名称:凿槽 2. 规格:70mm×70mm	m	4.2

【任务实训】

实训任务单：编制某教学楼配电支线工程量清单

1. 目的

在教师指导下，参考任务演示，完成下列训练任务，训练学生编制建筑配电支线工程量清单和计算配电支线工程量的实操能力。

2. 工作任务

(1) 图纸详见：附录 4 某教学楼的电气施工图。

(2) 工作任务：识读图纸，编制以下项目的工程量清单。

1) 基本实训任务：

① 一层门卫室插座回路导管的工程量（提示：插座回路计算导管长度时，需要考虑"倒管"问题）。

② 一层门卫室插座回路导线的工程量。

③ 一层入口大厅照明回路的导管工程量。

④ 一层入口大厅照明回路的导线工程量。

⑤ 计算 AL1-1 配电箱 f1 回路导管的工程量。

⑥ 计算 AL1-1 配电箱 f1 回路导线的工程量。

2) 综合实训任务：

① 计算 AL2-1 配电箱所有配电支线导管的工程量。

② 计算 AL2-1 配电箱所有配电支线导线的工程量。

3. 工作成果

将列项及工程量计算结果填入分部分项工程量清单中（表 1-24）。

任务 2.6　灯具开关插座安装、识图及算量

码2-24 照明灯具安装列项与算量

2.6.1　灯具开关插座的安装工艺

照明器具包括灯具、开关、插座与风扇等，灯具又分为普通灯具、专用灯具等。

1. 照明灯具安装

(1) 普通灯具安装

照明灯具的安装，按环境分类可分为室内和室外两种，室内灯具的安装方式有悬吊式、吸顶式、嵌入式和壁式等。各种灯具的形式可以参见任务 2.1.2

中的灯具分类。

灯具安装工艺流程为：灯具固定→灯具组装→灯具接线→灯具接地。

灯具的安装应与土建施工密切配合，做好预埋件的预埋工作。下面介绍常见的几种安装方式。

1）吸顶灯的安装

吸顶灯在混凝土顶棚上安装时，可以在浇筑混凝土前，根据图样要求把木砖预埋在里面，也可以安装金属胀管螺栓，如图 2-87 所示。小型、轻型吸顶灯可以直接安装在顶棚上，安装时应在罩面板的上面加装木方，木方规格为60mm×40mm，木方要固定在顶棚的主龙骨上，如图 2-88 所示。

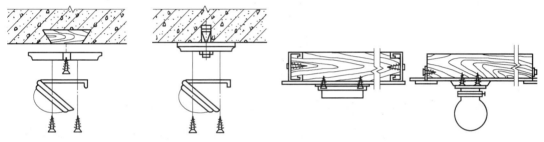

图 2-87　吸顶灯在混凝土顶棚上安装　　　　图 2-88　吸顶灯在顶棚上安装

2）荧光灯的安装

荧光灯安装常见的方式有吸顶安装、吊链安装、嵌入顶棚内安装。

① 荧光灯吸顶安装：根据设计图样确定出荧光灯的位置，将荧光灯贴紧建筑物表面，荧光灯的灯架应完全遮盖住灯头盒，对准灯头盒的位置打好进线孔，将电源线穿入灯架，在进线孔处应套上塑料管保护导线，用胀管螺钉固定灯架，如图 2-89 所示。

② 荧光灯吊链安装：吊链的一端固定在建筑物顶棚上的塑料（木）台上，根据灯具的安装高度，将吊链编好挂在灯架挂钩上，并且将导线编叉在吊链内引入灯架，在灯架的进线孔处应套上软塑料管保护导线，压入灯架内的端子板上，如图 2-90 所示。

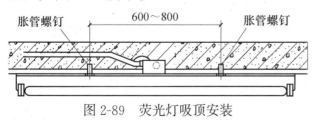

图 2-89　荧光灯吸顶安装

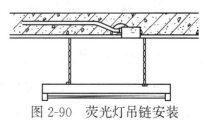

图 2-90　荧光灯吊链安装

③ 荧光灯嵌入顶棚内安装：荧光灯嵌入吊顶内安装时，应先把灯罩用吊杆固定在混凝土顶板上，底边与顶棚平齐，如图 2-91 所示。

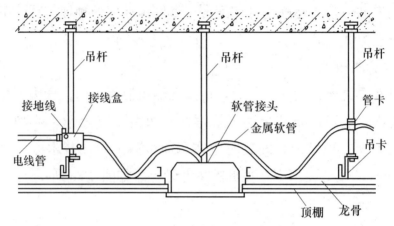

图 2-91 荧光灯嵌入顶棚内安装

3）壁灯的安装

安装壁灯时，先在墙或柱上固定底盘，再用螺钉把灯具紧固在底盘上，如图 2-92 所示。壁灯的安装高度一般为：灯具中心距地面 2.2m 左右，床头壁灯距地面以 1.2～1.4m 为宜。

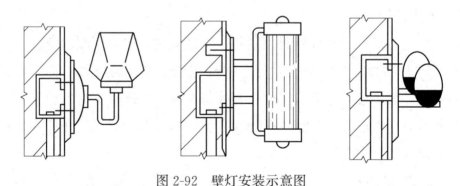

图 2-92 壁灯安装示意图

（2）专用灯具安装

疏散指示与应急照明灯、庭院照明灯具、霓虹灯、建筑物景观照明灯具、喷水照明装置、水下照明装置、医院手术台无影灯、航空障碍标志灯等都是一些专用灯具，每种灯具都有各自具体的安装方法。此处仅将常见的疏散指示与应急照明灯的安装进行介绍。

在市电停电或火灾状态下，正常照明电源被切除，为能维持行走所需光线，需要采用疏散指示与应急照明。应急照明可分为安全出口标志灯和疏散通道指示标志灯。

安全出口标志灯的安装位置通常在建筑物内通往室外的正常出口和应急通道的出口处、多层和高层建筑各楼层通往楼梯间和消防电梯前室的门口等处，消防应急疏散通道或安全紧急出口通道安装的应急疏散指示灯间距不应大于20m，如图 2-93 所示。

疏散通道指示标志灯的安装位置通常是在公共建筑物内的安全疏散通道，方便人员疏散时，无论从哪个位置都能够找到正确的紧急逃生出口，如图 2-94 所示。

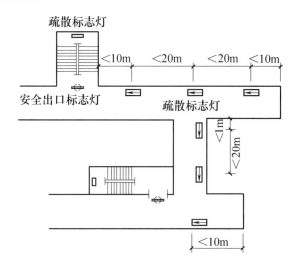

图 2-93 疏散指示灯设置原则示意图

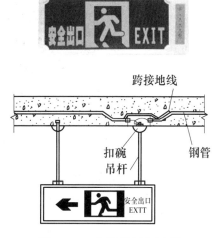

图 2-94 疏散指示灯安装

安全出口标志灯一般安装于出口门框的上方，如图 2-95 所示，如果门框太高时，可安装于门框的侧口位置；为防止火灾发生时产生的烟雾影响视觉，其安装高度以 2～2.5m 为宜。

2. 开关、插座、风扇安装

（1）灯具开关的安装

开关一般分为明装开关和暗装开关两种，如图 2-96 所示。明装开关布明线，如果电路出现了问题，维修比较方便，安装速度快而且价格比较实惠，最大缺点就是不美观。暗装开关效果看起来比较美观，是常用的开关形式。

图 2-95 安全出口标志灯安装

码2-25 风扇开关插座安装列项与算量

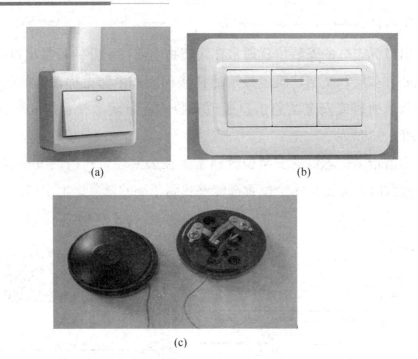

图 2-96　常用开关

（a）跷板单联开关明装；（b）跷板三联开关暗装；（c）拉线开关

拉线开关一般距地 2~3m 明装，距门框 0.15~0.2m，且拉线的出口应向下，跷板开关一般距地 1.3m，开关面板安装示意如图 2-97 所示。

暗装开关安装时，应先将开关盒按图纸要求预埋在墙内，待穿导线完毕后，即可将开关固定在盒内，接好导线，盖上盖板即可。在进行灯具开关安装时，必须保证相线进开关，零线进灯头，以确保在使用时的安全，如图 2-98 所示。

（2）插座的安装

插座种类繁多。按照火线设置可分为单相插座（1 根火线）和三相插座（3 根火线）。常用的有单相两孔、单相三孔、三相四孔插座、五孔插座，五孔插座相当于一个二孔和一个三孔插座并联在一个面板上，如图 2-99 所示。

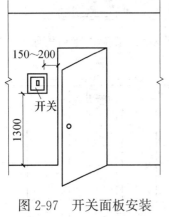

图 2-97　开关面板安装示意图（单位：mm）

单相两孔和单相三孔的安装接线是面对插座，左零、右相或左零、右相、中上孔接地保护线，而三相四孔插座则左 L1、右 L3、下 L2、上零线或接地保

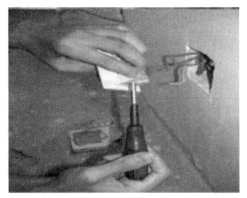

图 2-98 暗装开关安装

图 2-99 常用插座

护线，见图 2-100。

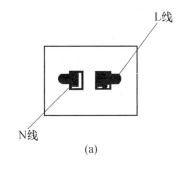
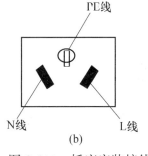
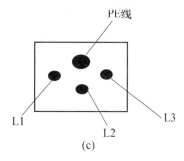

图 2-100 插座安装接线

（a）单相两孔插座；（b）单相三孔插座；（c）三相四孔插座

　　室内插座安装分为明装和暗装两种。一般插座的安装高度为距地 1.3m，有儿童经常出没的地方插座距地应不低于 1.8m，暗装插座一般不低于 0.3m，为方便使用，各种用途的插座安装高度（面板底部距地面）应符合安全要求，可以参见表 2-21。浴室、洗漱间的插座最好选用防水溅插座，且避开易溅水部位。

　　同一室内安装的插座高度差不宜大于 5mm，成排安装的插座其高低差应不大于 2mm，如图 2-101 所示。住宅插座回路应设置漏电保护装置。

家居主要插座安装高度（单位：m）　　　　表2-21

种类	普通插座	洗衣机	分体空调	柜式空调	电热水器	冰箱	厨房	电视机
高度	0.30	1.60	1.80	0.30	1.50	0.30	根据灶台橱柜高度	根据电视机高度

（3）风扇的安装

吊扇的安装应在土建施工中，按电气照明施工平面图上的位置要求预埋吊钩，如图2-102所示，而吊扇吊钩的选择、安装将是吊扇能否正常、安全、可靠工作的前提。

吊扇的安装高度不低于2.5m，吊扇的调速开关安装高度为1.3m。

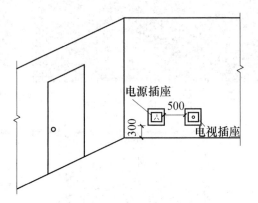

图2-101　插座安装高度示意图（单位：mm）

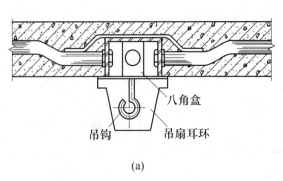

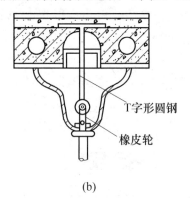

(a)　　　　　　　　　　　(b)

图2-102　吊扇安装

（a）接线盒及吊钩预埋安装示意；（b）吊扇安装

2.6.2　灯具开关插座识图

实训任务单：某教学楼灯具、开关和插座识读

1. 目的

在教师指导下，从相关工程项目的施工图中获取信息，完成学习情境引导文的节点训练任务，训练学生建筑电气照明施工图识读的实操能力。

2. 工作任务

（1）图纸详见：附录 4 某教学楼的电气设计说明及一～四层照明平面图。

（2）工作任务：识读图纸，根据建筑电气照明系统的基本知识，完成学习情境引导文。

1. 灯具识图

本项目所用的灯具图例如图 2-103 所示。

10	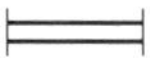	双管日光灯	T5,2×36W	距地2.5m杆吊	
11		黑板灯	T5,1×36W	距黑板顶0.3m	
12		单管日光灯	T5,1×28W	距地2.2m壁装	
13		镜前灯	T5,1×28W	距顶0.5m壁装	
14		吸顶灯	T5,1×36W	吸顶安装	
15		排气扇	60W		见设施图
16		应急照明灯	18W,自带蓄电池	距地2.5m壁装	应急时间30min
17		疏散标志灯	PAK-Y01-102	距地0.5m暗装	应急时间30min
18		疏散标志灯	PAK-Y01-103	距地0.5m暗装	应急时间30min
19		疏散标志灯	PAK-Y01-104	距地0.5m暗装	应急时间30min
20		安全出口标志灯	PAK-Y01-101	门上0.2m暗装	应急时间30min
21	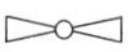	吊扇	ϕ1200 66W	距地2.7m杆吊	

图 2-103　灯具图例

【学习情境引导文】

识读附录 4 的一层照明平面图，结合电气设计说明，回答以下问题：

（1）先识读电气设计说明第"十三、图例"中关于照明器具的部分（图 2-103），请回答以下问题：

1）采用 T5 光源的灯具有：＿＿＿＿＿＿＿＿＿＿＿＿。其中，双管荧光灯 2 根灯管功率为＿＿＿＿＿＿，安装方式为＿＿＿＿＿＿，距地高度＿＿＿＿　m。

2）意外停电或发生火灾等事故时的安全照明灯具有＿＿＿＿＿＿＿＿＿＿＿。其中，应急照明灯功率_____，安装方式为_____，距地高度_____；疏散标志灯安装方式为_____，距地高度_____；安全出口标志灯安装方式为_____，距地高度_____。

3）吊扇的图例是_____，安装方式为_____，距地高度_____m。

（2）识读一层照明平面图，回答以下问题：

各种灯具主要安装的房间或具体部位为：双管日光灯主要安装在_____、_____、_____；黑板灯安装在_____；镜前灯安装在_____；吸顶灯安装在_____、_____、_____、_____。

2. 开关、插座识图

码2-26 灯具识图学习情境引导文参考答案

本项目中所用的开关、插座图例如图 2-104 所示。另外，以本项目一层平面图中的门卫室西侧的教室为例，识读该教室的灯具、开关插座的布置，其照明平面图如图 2-105 所示。

7	![]	单联单控开关	K31/1/2A	距地1.3m明装	250V，10A
8	![]	双联单控开关	K32/1/2A	距地1.3m明装	250V，10A
9	![]	三联单控开关	K33/1/2A	距地1.3m明装	250V，10A
22	![]	调速开关	配套	距地1.3m明装	
23	![]	普通插座	T426/10USL	距地0.5m暗装	250V，10A
24	![]	电视插座	T426/10US3	距顶1.0m暗装	250V，10A
25	![]	卫生间插座	T426/10USL	距地1.5m暗装	250V，10A 加装防溅盖板
26	TV	电视出线口	KG31VTV75	距顶1.0m暗装	

图 2-104 开关、插座图例

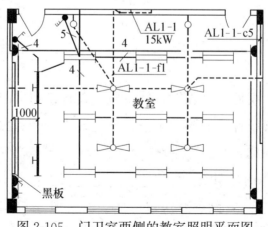

图 2-105 门卫室西侧的教室照明平面图

【学习情境引导文】

阅读附录 4 的一层照明平面图，结合电气设计说明，回答以下问题：

（1）先识读电气设计说明第"十三、图例"中关于开关、插座的部分（图 2-104），请回答以下问题：

1）灯具开关共有三种，分别是_____、_____、_____，它们的安装方式均为_____，距地高度_____ m。

2）风扇调速开关，它的图例为_____，安装方式为_____，距地高度_____ m。

3）插座共有三种：_____插座、_____插座、_____插座。安装方式各不相同，请分别说明：距地 0.5m 暗装的是_____插座，距顶 1.0m 暗装的是_____插座，距地 1.5m 暗装的是_____插座。

（2）阅读图 2-105 的教室，识读灯具、开关插座的布置情况：

1）该教室布置的灯具情况：布置了黑板灯，数量是_____套，布置了双管日光灯，数量是_____套。还布置了吊扇，数量是_____台。

2）控制该教室黑板灯的开关类型为_____开关，控制双管日光灯的开关类型为_____开关，控制吊扇的开关为配套的_____开关。

3）该教室的插座布置了两种，一种是普通插座，数量为_____台；另一种是电视插座，数量为_____台。

2.6.3　灯具、开关、插座工程量计算

码 2-27
开关、插座
识图学习情
境引导文
参考答案

【任务】　灯具、开关、插座工程量清单编制

识读图 2-105 的教室照明平面图，编制该教室的灯具、开关、插座的工程量清单，请按提示完成编制工作。

（1）列项

下列分部分项工程量清单中，已根据第 2.6.2 节的灯具、开关、插座识图的结果填写了项目名称和项目特征，请查阅本书附录 2 的 D.12 照明器具安装分部和 D.4 控制设备及低压电器安装分部，将表 2-22 中的项目编码和计量单位填写完整。

分部分项工程量清单
表 2-22

序号	项目编码	项目名称	项目特征	计量单位	工程量
1		荧光灯	双管日光灯,T5,2×36W,距地 2.5m,杆吊安装		
2		荧光灯	黑板灯,T5,1×36W,距黑板顶 0.5m 安装		
3		风扇	吊扇,φ1200,66W,距地 2.7m,杆吊安装,含调速开关安装		
4		照明开关	双联单控开关,距地 1.3m,明装		
5		照明开关	三联单控开关,距地 1.3m,明装		
6		插座	普通插座,T462/10USL,距地 0.5m,暗装		
7		插座	电视插座,T462/10US3,距地 1.0m,暗装		

（2）确定工程量计算规则

由附录 2 查取：

D.12 照明器具安装分部，荧光灯项目的计算规则为：按设计图示数量计算。

D.4 控制设备及低压电器安装分部，风扇、照明开关、插座项目的计算规则为：按设计图示数量计算。

（3）按照规则，依据图纸，填列计算式并计算工程量

双管日光灯：　　　　　　　　　　　　　　　　　　9 套

黑板灯：　　　　　　　　　　　　　　　　　　　　2 套

吊扇：　　　　　　　　　　　　　　　　　　　　　4 台

双联单控开关：　　　　　　　　　　　　　　　　　1 台

三联单控开关：　　　　　　　　　　　　　　　　　1 个

普通插座　　　　　　　　　　　　　　　　　　　　4 个

电视插座　　　　　　　　　　　　　　　　　　　　1 个

说明：在实际工作实务中，照明器具的数量可以分房间逐项统计，避免错漏，汇总好后，再填写到分部分项工程量清单表内。

（4）汇总并填写工程量

汇总后将工程量填写到分部分项工程量清单中，并将项目编码和计量单位、工程量填写完整，结果见表 2-23。

分部分项工程量清单 | 表 2-23

序号	项目编码	项目名称	项目特征	计量单位	工程量
1	030412005001	荧光灯	双管日光灯，T5，2×36W，距地2.5m，杆吊安装	套	9
2	030412005002	荧光灯	黑板灯，T5，1×36W，距黑板顶0.5m 安装	套	2
3	030404033001	风扇	吊扇，ϕ1200，66W，距地 2.7m，杆吊安装，含调速开关安装	台	4
4	030404034001	照明开关	双联单控开关，距地 1.3m，明装	个	1
5	03040403002	照明开关	三联单控开关，距地 1.3m，明装	个	1
6	030404035001	插座	普通插座，T462/10USL，距地0.5m，暗装	个	4
7	030404035002	插座	电视插座，T462/10US3，距地1.0m，暗装	个	1

【任务实训】

码2-28 第2.6.3节 任务参考答案

实训任务单：编制某教学楼的照明器具工程量清单

1. 目的

在教师指导下，参考任务演示，完成下列训练任务，训练学生编制照明器具工程量清单和计算照明器具工程量的实操能力。

2. 工作任务

（1）图纸详见：附录 4 的一层照明平面图。

（2）工作任务：识读图纸，根据照明器具列项和计算方法，编制以下项目的工程量清单。

1）计算一层入口大厅照明器具（灯具开关插座）的工程量。

2）计算一层走廊照明器具（灯具开关插座）的工程量。

3）计算一层教师办公室照明器具（灯具开关插座）的工程量。

4）计算一层女卫生间照明器具（灯具开关插座）的工程量。

3. 工作成果

将列项及工程量计算结果填入分部分项工程量清单中（表 1-24）。

训练提高

一、单选题

1. 电气照明是通过照明电光源将（　　　）转换成（　　　）。

A. 电能，热能　　　B. 热能，电能　　　C. 电能，光能　　　D. 光能，电能

2. 电能输送过程的描述，正确的是（　　　）。

A. 发电→升压→高压送电→降压→10kV 高压配电→降压→380V 低压配电→用户

B. 发电→降压→高压送电→升压→10kV 高压配电→降压→380V 低压配电→用户

C. 发电→降压→高压送电→升压→10kV 高压配电→降压→360V 低压配电→用户

D. 发电→升压→高压送电→降压→10kV 高压配电→降压→360V 低压配电→用户

3. 一般将发电厂生产的电能直接分配给用户或由降压变电所分配给用户的（　　　）及以下的电力线路称为配电线路。

A. 10kV　　　　　B. 20kV　　　　　C. 30kV　　　　　D. 35kV

4. 一般情况下把电压在（　　　）及以上的电力线路称为送电线路（输电线路）。

A. 10kV　　　　　B. 20kV　　　　　C. 30kV　　　　　D. 35kV

5. 低压配电系统，电压一般为（　　　）。

A. 380/220V　　　B. 360/220V　　　C. 360/120V　　　D. 380/120V

6. 一般用"N"表示（　　　）。

A. 火线　　　　　B. 零线　　　　　C. 相线　　　　　D. 接地线

7. 一般用"L"表示（　　　）。

A. 导线　　　　　B. 零线　　　　　C. 火线　　　　　D. 接地线

8. 一般用"PE"表示（　　　）。

A. 导线   B. 零线   C. 火线   D. 接地线

9. 室内线路分（   ）两种。

A. 干线和支线   B. 总线和分线   C. 火线和零线   D. 火线和地线

10. 图例符号⊗为（   ）。

A. 插座   B. 开关   C. 灯   D. 钥匙开关

11. BV-2.5 表示的含义正确的是（   ）。

A. 铝芯 耐压 250V   B. 铝芯 线芯截面积 $2.5mm^2$

C. 铜芯 耐压 250V   D. 铜芯 线芯截面积 $2.5mm^2$

12. 电力电缆进出建筑物穿管埋地时一般采用（   ）做保护套管。

A. 非镀锌钢管   B. 镀锌钢管   C. 塑料管   D. 水泥管

13. （   ）主要是接用电器具的金属外壳。

A. 火线   B. 零线   C. PE 线   D. 避雷线

14. 前一个分配电箱为后一个分配电箱供电，这样的配电方式是（   ）。

A. 放射式   B. 树干式   C. 链式   D. 混合式

15. 电力电缆埋设深度不应小于（   ）m。

A. 0.5   B. 0.7   C. 1.0   D. 1.2

16. 灯具的翘板开关安装高度一般为距地（   ）m。

A. 0.8   B. 1.0   C. 1.2   D. 1.3

17. 普通插座一般距地（   ）m 安装。

A. 0.3   B. 0.5   C. 1.3   D. 1.8

18. 电力电缆直埋敷设时，沟底砂垫层厚度不小于（   ）m。

A. 0.1   B. 0.2   C. 0.3   D. 0.5

19. BLV 表示（   ）。

A. 铝芯塑料绝缘线   B. 铜芯塑料护套线

C. 电缆   D. 橡胶绝缘线

20. 在照明线路敷设中，MR 表示的含义是（   ）。

A. 金属线槽配线   B. 电缆桥架敷设

C. 穿钢管敷设   D. 塑料线槽配线

21. 在照明线路敷设中，SC 表示的含义是（   ）。

A. 穿电线管敷设   B. 穿钢管敷设

C. 穿塑料管敷设　　　　　　　　　　D. 直接埋地敷设

22. 管内导线包括绝缘层在内的总截面面积应不大于管内截面面积的（　　）。

A. 10％　　　　　B. 20％　　　　　C. 40％　　　　　D. 60％

23. 分部分项工程量清单中电气暗配管 SC32 的单位是（　　）。

A. 个　　　　　B. 台　　　　　C. mm　　　　　D. m

24. 配线在进出各种开关箱、柜、板的时候，应预留的长度为（　　）。

A. 0.3m　　　　　B. 1m　　　　　C. 1.5m　　　　　D. 高＋宽

二、多选题

1. 低压配电系统，配电方式有（　　）。

A. 放射式　　　　B. 集中式　　　　C. 树干式

D. 混合式　　　　E. 环形式

2. 我国目前发电的主要两种形式为（　　）。

A. 火力发电　　　　B. 水力发电　　　　C. 风力发电

D. 原子能发电　　　　E. 太阳能发电

3. 变电所是接收电能、变换电压和分配电能的场所，可分为（　　）和（　　）两大类。

A. 升压变电所　　　　B. 配电所　　　　C. 降压变电所

D. 市县级变电所　　　E. 村级变电所

4. 电缆一般由（　　）三部分组成。

A. 接头　　　　B. 导电线芯　　　　C. 绝缘层

D. 保护层　　　　E. 防水层

5. 电缆的敷设方式主要有（　　）。

A. 直接埋地敷设　　B. 穿管敷设　　　C. 电缆沟敷设

D. 电缆桥架敷设　　E. 沿排水沟铺设

6. 按照电能量的传递方向，建筑电气照明配电系统通常由进户线、总配电箱及（　　）组成。

A. 干线　　　　B. 分配电箱　　　　C. 支线

D. 照明器具　　　　E. 照度

7. 电力电缆进户线一般采用（　　）的进户方式。

A. 直埋　　　　B. 穿管地　　　　C. 沿电缆沟

D. 桥架敷设　　　　E. 金属线槽

8. 电缆头制作安装方式可分为（　　　）。

A. 热缩式　　　　B. 干包式　　　　　C. 环氧树脂浇注式

D. 热熔式　　　　E. 嵌入式

9. 建筑室内灯具常用安装方式有（　　　）。

A. 吸顶式　　　　B. 吊杆式　　　　C. 吊链式

D. 壁式　　　　　E. 热熔式

10. 按照开关面板上翘板的数量，单控开关可分为（　　　）。

A. 单联　　　　　B. 双联　　　　　C. 三联

D. 四联　　　　　E. 五联

11. 用作火线的导线绝缘皮颜色有（　　　）。

A. 红色　　　　　B. 黄色　　　　　C. 蓝色

D. 绿色　　　　　E. 黑色

12. 室内照明线路主要有（　　　）等敷设方式。

A. 塑料线槽明敷　B. 金属线槽明敷　C. 裸线明敷

D. 穿钢管暗敷　　E. 钢索配线

13. 以下属于导管配线的代号是（　　　）。

A. PR　　　　　　B. SC　　　　　　C. PC

D. JDG　　　　　E. CT

三、判断题

1. 我国目前主要以火力和水力发电为主，近年来在原子能发电能力上也有很大提高。（　　　）

2. 变电所是接收电能、变换电压和分配电能的场所，可分为升压变电所和降压变电所两大类，配电所具有电压变换能力。（　　　）

3. 放射式配电系统一般用于小型用电设备、非重要用电设备的供电。（　　　）

4. 树干式配电系统由总配电箱采用一回干线连接至各分配电箱，节省设备和材料，但可靠性较低，在机加工车间中使用较多，可采用封闭式母线配电，灵活方便且比较安全。（　　　）

5. 混合式配电系统也称为大树干式配电系统，是放射式与树干式相结合的配电方式，其综合了两者的优点，一般用于高层建筑的照明配电系统。
（　　）

6. 变电所与配电所是为了实现电能的经济输送和满足用电设备对供电质量的要求而设置的。（　　）

7. 无铠装的电缆适用于室内、电缆沟内、电缆桥架内和穿管敷设，可承受压力和拉力。（　　）

8. 按照电能量传递方向，建筑电气照明低压配电系统由以下几部分组成：进户线→总配电箱→干线→分配电箱→支线→照明用电器具。（　　）

9. 三相 380V 指 3 根火线之间的电压，也叫线电压，作为一般居民用电。
（　　）

10. 一般用"N"表示零线（也称中性线）。（　　）

11. 一般用"L"表示火线（也称为相线）。（　　）

12. 回路是给电气负荷提供电气通路和保护的一组导线，包括相线、零线和地线的组合。（　　）

13. 用电负荷的越多，电路发生故障的危险就越小。（　　）

14. 回路是不能互相嵌套的，大回路不可以包含小回路。（　　）

15. 干线的配线方式中，放射式供电可靠性高，但是材料用量多及安装价格贵。（　　）

16. 对高层民用建筑的重要负荷，一般采用树干式供电。（　　）

17. 灯具的开关装在火线或零线上均可。（　　）

18. 箱内断路器，往上推为合闸，往下拉为断电。（　　）

19. 绝缘导线分为塑料绝缘和橡胶绝缘导线。（　　）

20. 电力电缆头制作安装，一根电缆一般按 2 个电缆终端头计算。（　　）

21. 双孔插座左边接火线，右边接零线。（　　）

22. 三孔插座中上方接 PE 保护线。（　　）

23. 室内照明线路穿管敷设电线时，无论是穿钢管还是 PVC 管，穿入管内的电线截面积（包括绝缘层）的总和不应超过管内截面积的 60%。（　　）

码2-29　项目2 训练提高参考答案

24. 管内穿线工艺流程为：选择导线→扫管→穿带线→放线与断线→导线与带线的绑扎→管口带护口→导线连接→线路绝缘遥测。（　　）

项目 3

Chapter 03

建筑防雷与接地系统

项目要求

1. 了解雷电形成与危害及防雷的主要措施。
2. 熟悉防雷接地系统的组成和安装工艺。
3. 能熟练识读防雷与接地装置的施工图，掌握接闪器、引下线、接地装置等项目的列项和工程量计算。

项目重点 防雷接地系统的组成；防雷与接地装置的施工图识读以及相关项目的列项与工程量计算。

建议学时 12课时。

建议教学形式 讲授法、提问法、任务驱动法结合。

任务 3.1 防雷接地系统基本知识

3.1.1 雷电的形成及危害

1. 雷电的形成

码3-1 雷电形成及防雷措施

雷电现象是自然界大气层在特定条件下形成的，是由雷云（带电的云层）对地面建筑物及大地的自然放电引起，具有冲击电流大、时间短、雷电流变化梯度大、冲击电压高等特点，会对建筑物或设备造成严重破坏，如图 3-1 所示。

图 3-1 雷电现象

2. 雷电的分类

雷电分为直击雷、感应雷、雷电波侵入三类。

（1）直击雷：直击雷是雷云直接对建筑物或地面上的其他物体放电的现象。雷云放电时，引起很大的雷电流，可达几百千安，从而产生极大的破坏作用。

（2）感应雷：感应雷是雷电的第二次作用，即雷电流产生的电磁效应和静电效应作用。

在雷云向其他地方放电后，云与大地之间的电场突然消失，但聚集在建筑物的顶部或架空线路上的感应电荷不能很快全部汇入大地，所形成的高电位往往往造成屋内电线、金属管道和大型金属设备放电，击穿电器绝缘层或引起火灾、爆炸。

（3）雷电波侵入：当架空线路或架空金属管道遭雷击，或者与遭受雷击的物体相碰，以及由于雷云在附近放电，在导线上感应出很高的电动势，沿线路或管路将高电位引进建筑物内部，也称高电位引入。

3. 雷击的选择性

雷电"喜爱"在尖端放电，所以在雷暴天气时，人在旷野上行走，或扛着带铁的金属农具，或骑在摩托车上，或在电线杆、大树下躲雨，人或物体容易成为放电的对象而招来雷击。建筑物的顶端或棱角处，也很容易遭受雷击；此外，金属物体和管线都可能成为雷电的最好通路。因此，了解这些规律对预防雷击有很重要的意义。建筑物遭受雷击次数的多少，不仅与当地的雷电活动频繁程度有关，而且还与建筑物所在环境、建筑物本身的结构、特征有关。

（1）易遭受雷击的地点

1）水面和水陆交界地区以及特别潮湿的地带（如河床、盐场、苇塘、湖沼、低洼地和地下水位高的地方）。

2）土壤电阻率较小的地方（如有金属矿床的地区、河岸、地下水出口处和金属管线集中的交叉地点、铁路集中的枢纽、铁路终端和高架输电线路的拐角处）。

3）土壤电阻率不连续的地点（比如岩石和土壤的交界处、岩石断层处、较大的岩体裂缝、露出地面的岩层、河沿，以及埋藏的管道的地面出口处等）。

4）地势较高和旷野地区

（2）易遭受雷击的建筑物和物体

1）高耸凸出的建筑物（如水塔、电视塔、高耸的广告牌等）。

2）排出导电尘埃、废气热气柱的厂房、管道等。

3）内部有大量金属设备的厂房。

4）孤立、凸出在旷野的建筑物以及自然界中的树木。

5）电视机天线和屋顶上的各种金属凸出物（如旗杆等）。

6）建筑物屋面的凸出部位和物体（如烟囱、管道、太阳能热水器，还有屋脊和檐角女儿墙等）。

4. 建筑物的防雷等级

按《建筑物防雷设计规范》GB 50057—2010 的规定，建筑物应根据建筑物重要性、使用性质、发生雷电事故的可能性和后果划分为三类。

（1）第一类防雷建筑物

第一类防雷建筑物是指制造、使用或贮存火炸药及其制品的危险建筑物，因电火花而引起爆炸、爆轰，会造成巨大破坏和人身伤亡者等。

（2）第二类防雷建筑物

第二类防雷建筑物是指国家级重点文物保护的建筑物、国家级的会堂、办公建筑物、大型展览和博览建筑物、大型火车站、国宾馆、国家级档案馆、大型城市的重要给水泵房等特别重要的建筑物，国家级计算中心、国际通信枢纽等对国民经济有重要意义的建筑物；国家特级和甲级大型体育馆等。

（3）第三类防雷建筑物

第三类防雷建筑物是指省级重点文物保护的建筑物及省级档案馆、预计雷击次数较大的部、省级办公建筑物、住宅楼、办公楼等一般性民用建筑物、高度在 15m 及以上的烟囱、水塔等孤立的高耸建筑物等。

3.1.2　防雷主要措施

1. 防直接雷

在建筑物的屋角和屋檐等易遭雷击的部位安装接闪器，接闪器的形式有避雷针、避雷带、避雷网等，如图 3-2 所示。

(a)

图 3-2　防直接雷装置（一）

（a）各种避雷针

(b) (c)

图 3-2　防直接雷装置（二）

（b）屋面避雷带；（c）避雷网

2. 防感应雷

在建筑物上产生的感应雷，可通过安装等电位联结（图 3-3）来消除。等电位联结是将建筑物内的金属构架、金属装置、电气设备不带电的金属外壳和电气系统的保护导体等与接地装置做可靠的电气联结。

3. 防雷电波侵入

雷电波可能沿着各种金属导体、管路，特别是沿着天线或架空线引入室内，对人身和设备造成严重危害。对这些高电位的侵入，特别是对沿架空线引入雷电波的防护比较困难，通常将配电线路全部采用地下电缆并加装避雷器（图 3-4）等。

图 3-3　等电位联结

图 3-4　各种避雷器

3.1.3　防雷接地系统的组成和安装

1. 防雷接地系统的组成

码3-2 防雷接地系统的组成和安装

建筑物的防雷装置一般由接闪器、引下线与均压环和接地装置组成，主要用于防直击雷和感应雷，见图3-5。其原理就是引导雷云与防雷装置之间放电，使雷电流迅速流散到大地中去，从而保护建筑物免受雷击。电子设备的防雷是防雷电电磁脉冲（LEMP），通常采用等电位联结、装设浪涌过电压保护器等措施。

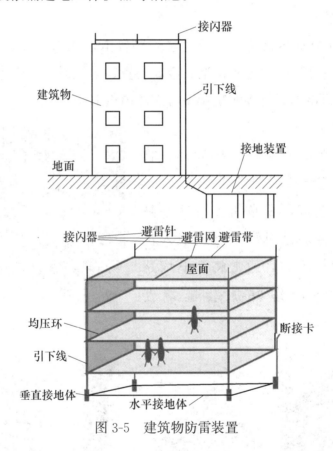

图 3-5　建筑物防雷装置

2. 防雷接地系统的安装

防雷接地系统的安装，一般都是配合土建主体工程，采取自下而上的施工程序，按照安装接地装置→安装引下线和均压环→安装接闪器的程序施工。

（1）接地装置

接地装置是接地体（又称接地极）和接地线的总和，如图3-6所示。它把引下线引下的雷电流迅速流散到大地土壤中。

接地体：埋入到土壤中或混凝土基础中作散流用的金属导体叫接地体，按其敷设方式分为垂直接地体和水平接地体。

垂直接地体可采用边长或直径 50mm 的角钢或钢管，长度宜为 2.5m，每间隔 5m 埋 1 根，顶端埋深为 0.7m，用水平接地线将其连成一体。

水平接地体（也可以叫接地母线）可采用（25mm×4mm）～（40mm×4mm）的扁钢做成，埋深一般为 0.5～0.8mm。

通常接地体均采用镀锌钢材，土壤有腐蚀时，应适当加大接地体和连接线的截面，并加厚镀锌层。

(a)　　　　　　　　　　　　(b)

图 3-6　接地装置

（a）垂直接地体与水平接地体；（b）水平接地体

接地装置的施工分两种，一种称为人工接地体，另一种称为自然接地体。

1）人工接地体

首先将垂直接地体采用钢管或角钢打入土壤，然后用接地母线，一般采用扁钢，与垂直接地体焊接成一体，最后将整个接地体与引下线焊接牢固。

具体安装工艺流程：定位放线→人工接地体制作→挖沟→接地体安装→接地干线安装。

①接地体的加工：垂直接地体多使用角钢或钢管，分别如图 3-7、图 3-8所示。在一般土壤中采用角钢接地体，在坚实土壤中采用钢管接地体。

为便于接地体垂直打入土中，接地体打入地下的端部应据成斜口或锻造成锥形。为了防止将钢管或角钢打裂，可用圆钢加工护管帽套入钢管端，或用一块短角钢（长约 10cm）焊在接地角钢的一端。

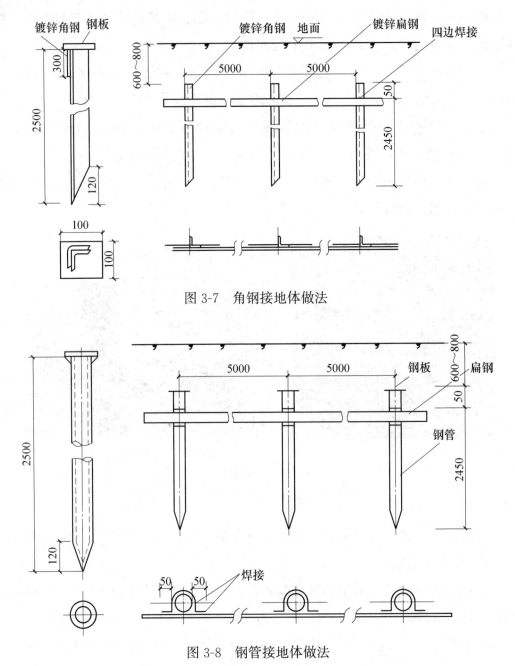

图 3-7　角钢接地体做法

图 3-8　钢管接地体做法

②挖沟：装设接地体前，需按设计规定的接地网路线进行测量、画线，然后依线开挖，一般沟深 0.8～1m，沟的上部宽 0.6m，底部宽 0.4m。挖沟时如附近有建筑物或构筑物，沟的中心线与建筑物或构筑物的距离不宜小于 2m。

③敷设接地体：沟挖好后应尽快敷设接地体，以防止塌方。接地体一般

用手锤打入地下，并与地面保持垂直。

④ 接地母线（水平接地体）敷设

人工接地线均应采用扁钢或圆钢，并应敷设在易于检查的地方，且应有防止机械损伤及化学腐蚀的保护措施。从接地干线敷设到用电设备接地支线的距离越短越好。当接地线与电缆或其他电线交叉时，其间距至少要有 25mm。在接地线与管道、公路、铁路等交叉处及其他可能使接地线遭受机械损伤的地方，均应套钢管或角钢保护。当接地线跨越有振动的地方，如铁路轨道接地线应略加弯曲，以便振动时有伸缩的余地，避免断裂。

接地体间的连接：垂直接地体之间多用扁钢连接。当接地体打入地下后，即可将扁钢放置于沟内，扁钢与接地体用焊接的方法连接。扁钢应侧放，这样既便于焊接，又可减小其散流电阻。

接地体与连接扁钢焊好后，经过检查确认接地体埋设深度、焊接质量、接地电阻等均符合要求后，即可将沟填平。

2）自然接地体

在高层建筑中，常利用柱子和基础内的钢筋作为引下线和接地体。因此，接地装置还有一种施工方式是，利用建筑物基础中的钢筋通长焊接，这种被称为自然接地体。如图 3-9 所示为独立柱基础接地体的安装示意图。

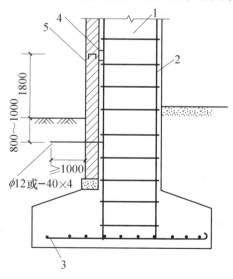

图 3-9　独立柱基础接地体的安装

1—现浇混凝土柱；2—柱主筋；3—基础底层钢筋网；4—预埋连接板；5—引出连接板

当利用钢筋混凝土基础内的钢筋作为接地装置时，其直径不应小于10mm。作为防雷装置的混凝土构件内用于箍筋连接的钢筋，其截面积总和不应小于 1 根直径为 10mm 钢筋的截面积。

利用建筑物基础内的钢筋作为接地装置时，应在与防雷引下线相对应的室外埋深 0.8～1m 处，在被用作引下线的钢筋上焊出一根直径 12mm 的圆钢或40mm×4mm 镀锌扁钢，此导体伸向室外，距外墙皮的距离不宜小于 1m。此圆钢或扁钢能起到遥测接地电阻和当整个建筑物的接地电阻值达不到规定要求时，给补打人工接地体创造条件，如图 3-10 所示。

图 3-10　建筑物基础接地装置

具体做法是按照图纸要求，将基础梁钢筋的至少两根主钢筋通长焊接成一体，焊接采用搭接焊接，搭接的宽度不应小于搭接圆钢的 6 倍直径。

3）接地电阻测量

接地装置应满足接地电阻的设计要求，施工完毕要进行接地电阻测试。接地电阻的数值应符合规范要求，一般为 30Ω、20Ω、10Ω，特殊情况要求在 4Ω以下，具体数值按设计确定。

（2）引下线

防雷引下线是将接闪器接受的雷电引到接地装置的金属导体，如图 3-11所示。一般采用圆钢或扁钢，优先采用圆钢。

1）引下线的选择：采用圆钢时，直径不应小于 8mm，采用扁钢时，其截面不应小于 48mm²，厚度不应小于 4mm。烟囱上安装的引下线，圆钢直径不应小于 12mm，扁钢截面不应小于 100mm²，厚度不应小于 4mm。

建筑物的金属构件、金属烟囱、烟囱的金属爬梯、混凝土柱内钢筋、钢柱等都可以作为引下线，但其所有部件之间均应连成

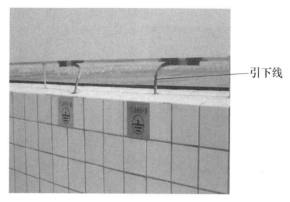

图 3-11 引下线

电气通路。在易受机械损坏和人身接触的地方，地面上 1.7m 至地面下 0.3m 的一段引下线应采取暗敷或用镀锌角钢、改性塑料管等保护措施。

利用钢筋混凝土中的钢筋作为引下线时，最少应利用四根柱子，每柱中至少用到两根主筋。

2）引下线的安装方式

引下线的安装方式主要分两种。

一种可以利用建筑物钢筋，比如钢柱或柱子钢筋引下，利用柱子钢筋至少要焊接两根钢筋；另一种是采用圆钢或扁钢引下，沿墙或柱子内敷设的称为暗敷设，沿墙或柱子表面敷设的称为明敷设，明敷设的引下线应平直无急弯，焊接处要刷油漆防腐。

3）断接卡

为便于运行、维护和检测接地电阻需设置断接卡，如图 3-12 所示。采用多根专设引下线时，宜在各引下线上于距地面 0.3～1.8m 之间设置断接卡，断接卡应有保护措施。

当利用混凝土内钢筋、钢柱等自然引下线并同时采用基础接地体时，可不设置断接卡，但利用钢筋作引下线时应在室内外的适当地点设若干连接板，该连接板可供测量、接人工接地体和做等电位联结用，如图 3-13 所示。

（3）均压环

在高层建筑物中，均压环是为防雷电侧面入侵的防雷装置，它是环绕建筑物周边的水平避雷带。其安装方式分为两种，一种是利用建筑物圈梁的钢筋沿建筑物的外围敷设一圈，另一种是采用圆钢或扁钢另外敷设。

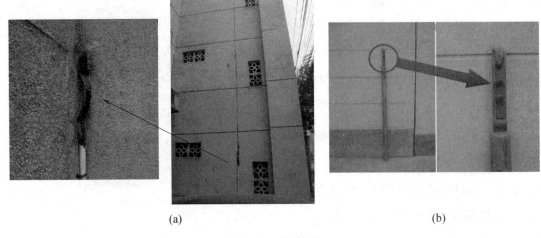

(a) (b)

图 3-12　断接卡

（a）明敷引下线与断接卡；（b）暗敷引下线与断接卡

(a) (b)

图 3-13　连接板

（a）暗敷引下线，明装连接板；（b）暗敷引下线，暗装连接板

无论采用哪种方式，均压环都要与引下线进行焊接，这样才能将雷电导入地下。30 层以上建筑物一般应每 3 层设置 1 组均压环。

（4）门窗接地

外墙的金属门窗接地也是防雷电侧面入侵的防雷措施，常用的做法是，在窗洞和圈梁主筋预埋金属件，两个预埋件之间用扁钢或圆钢连接，预埋件与窗框要保证可靠的电气连接。可采用螺栓连接或焊接的方式，如图 3-14 所示。

在高层建筑中，推荐利用柱、梁、基础内的钢筋作为引下线、均压环和接地装置，形成"法拉第笼"。法拉第笼是电学原理，任凭接闪时笼网上出现多

(a)

M6螺栓

10m²编织铜导线

金属门框

金属门

(b)

图 3-14 门窗接地

（a）金属窗接地；（b）金属门接地

高的电压，笼内空间的电场强度为零，笼内各处电位相等，形成一个等电位体，因此笼内人和设备都是安全的。其主要优点是：接地电阻低，电位分布均匀，均压效果好，施工方便，可省去大量土方挖掘工程量，节约钢材，维护工程量少。

（5）接闪器

接闪器是专门用来接收雷击的金属导体。其可分为避雷针、避雷带（线）、避雷网以及兼作接闪的金属屋面和金属构件（如金属烟囱、风管）等。所有接闪器都必须经过接地引下线与接地装置相连接。

1）避雷针

避雷针是安装在建筑物突出部位或独立装设的针形导体，在雷云的感应下，将雷云的放电通路吸引到避雷针本身，完成避雷针的接闪作用，由它及与其相连的引下线和接地体将雷电流安全导入地中，从而保护建筑物和设备免受雷击，如图 3-15 所示。

避雷针通常采用镀锌圆钢或镀锌钢管制成。圆钢截面不得小于 100mm^2，钢管厚度不得小于 3mm。当针长 1m 以下时，圆钢直径大于等于 12mm，钢管直径大于等于 20mm；当针长 1~2m 时，圆钢直径大于等于 16mm，钢管直径大于等于 25mm；烟囱顶上的避雷针，圆钢直径大于等于 20mm，钢管直径大于等于 40mm。

当避雷针较长时，针体则由针尖和不同直径的管段组成。避雷针应考虑防腐蚀，除应镀锌或涂漆外，在腐蚀性较强的场所，还应适当加大截面或采取其他防腐措施。

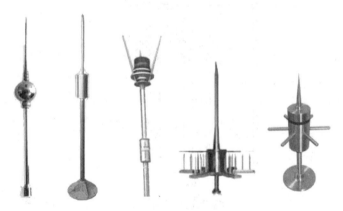

图 3-15　避雷针

2）避雷带和避雷网

避雷带就是将小截面圆钢或扁钢装于建筑物易遭雷击的部位，如屋脊、屋檐、屋角、女儿墙和山墙等。

避雷网相当于纵横交错的避雷带叠加在一起，形成多个网孔，它既是接闪器，又是防感应雷的装置。

用作避雷带和避雷网的圆钢直径不应小于 8mm，扁钢截面积不应小于 48mm^2，其厚度不得小于 4mm；装设在烟囱顶端的避雷环，其圆钢直径不应小于 12mm，扁钢截面积不得小于 100mm^2，其厚度不得小于 4mm。

避雷带、避雷网的安装方式分为明装和暗装。

第一种：明装避雷带（网）

明装避雷网适用于较重要的建筑物防雷保护，明装避雷网是在屋顶上部以较疏的明装金属网格作为接闪器，沿外墙引下线，接到接地装置上。避雷带适用于建筑的屋脊、屋檐（坡屋顶）或屋顶边缘及女儿墙上（平屋顶），对建筑物的易受雷击部位进行重点保护，女儿墙避雷带实例、避雷带布置示意图、避雷带在转角做法、避雷带与避雷短针配合敷设示意图如图 3-16～图 3-19 所示。

1）避雷带（网）在屋面混凝土支座上的安装

避雷带（网）的支座可以在建筑物屋面面层施工过程中现场浇筑，也可以预制再砌牢或与屋面防水层进行固定。混凝土支座如图 3-20 所示。避雷带（网）距屋面的边缘距离不应大于 500mm。在避雷带（网）转角中心严禁设置避雷带（网）支座。

(a)　　　　　　　　　　　　　　　　　(b)

图 3-16　避雷带实例

（a）女儿墙避雷带；（b）女儿墙避雷带、屋面避雷带

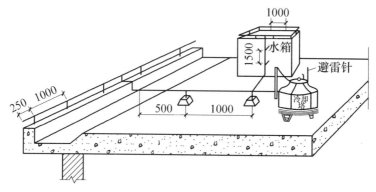

图 3-17　避雷带布置示意图（单位：mm）

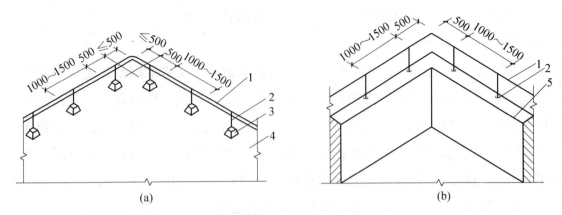

图 3-18　避雷带在转角处的做法（单位：mm）

(a) 避雷带在平屋顶上；(b) 避雷带在女儿墙上

1—避雷带；2—支架；3—混凝土块；4—平屋顶；5—女儿墙

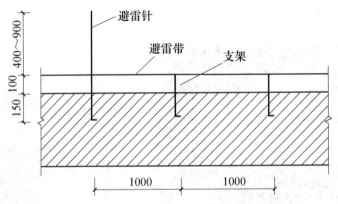

图 3-19　避雷带与避雷短针配合敷设示意图（单位：mm）

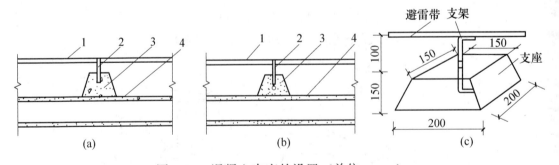

图 3-20　混凝土支座的设置（单位：mm）

(a) 预制混凝土支座；(b) 现浇混凝土支座；(c) 混凝土支座示意图

1—避雷带；2—支架；3—混凝土支座；4—屋面板

在屋面上制作或安装支座时，中间支座的间距为 1～1.5m，在转弯处支座的间距为 0.5m。避雷带沿坡屋顶安装如图 3-21 所示。

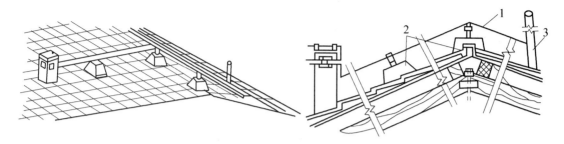

图 3-21　避雷带沿坡形屋顶安装

1—避雷带；2—混凝土块；3—凸出屋面的金属物体

2）避雷带（网）在女儿墙或天沟支架上的安装

避雷带（网）沿女儿墙安装时，应使用支架固定，并应尽量随结构施工预埋支架，当条件受限制时，应在墙体施工时预留不小于 100mm×100mm×100mm 的孔洞。首先埋设直线段两端的支架，然后拉通线埋设中间支架，其转弯处支架应距转弯中点 0.25～0.5m，直线段支架水平间距为 1～1.5m，垂直间距为 1.5～2m，且支架间距应平均分布。

女儿墙上设置的支架应与墙顶面垂直。在预留孔洞内埋设支架前，应先用素水泥浆湿润，放置好支架时，用水泥砂浆浇筑牢靠，支架的支起高度不应小于 150mm，待达到强度后再敷设避雷带（网），如图 3-22 所示。避雷带（网）在建筑物天沟上安装使用支架固定时，应随土建施工先设置好预埋件，支架与预埋件进行焊接固定，如图 3-23 所示。

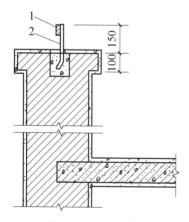

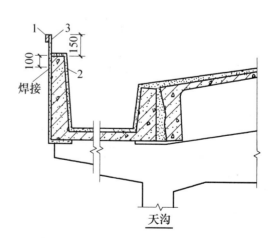

图 3-22　避雷带在女儿墙上安装（单位：mm）　图 3-23　避雷带在天沟上安装（单位：mm）

1—避雷带；2—支架　　　　　　　　1—避雷带；2—预埋件；3—支架

3）避雷带具体的施工做法为：圆钢调直→弹线→钻孔、装卡子→敷设圆钢→焊接→清理焊缝→刷防锈漆、面漆→测试。

需要注意，避雷带与引下线焊接时，要采用搭接焊接，搭接的宽度不应小于搭接圆钢的 6 倍直径，如图 3-24 所示。

图 3-24　避雷带与引下线采用搭接焊接

4）避雷带过伸缩缝要设置补偿装置。

安装避雷带时，还要注意遇到伸缩缝、沉降缝时，要采用接地跨接，如图 3-25 所示，实际就是起到一个缓冲连接的作用。

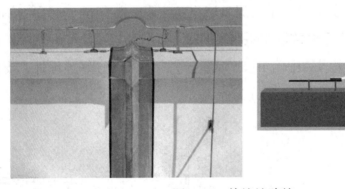
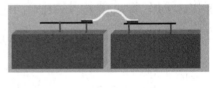

图 3-25　伸缩缝跨接

避雷带过伸缩缝详细做法见图 3-26。

屋面管道采用法兰连接时，在管道的连接处应设置接地跨接线，如图 3-27 所示。

第二种：暗装避雷带（网）

暗装避雷网时利用建筑物内的钢筋作避雷网，其较明装避雷网美观。

1）用女儿墙压顶钢筋做暗装避雷带

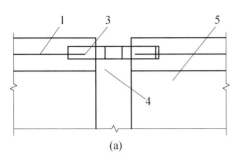
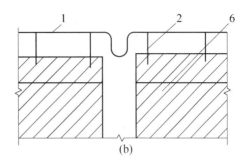

图 3-26　避雷带过伸缩缝做法

1—避雷带；2—支架；3—跨越扁钢（25mm×4mm，长 500mm）；4—伸缩缝；5—屋面；6—女儿墙

女儿墙上压顶为现浇混凝土时，可利用压顶内的通长钢筋作为建筑物的暗装避雷带；当女儿墙上压顶为预制混凝土时，就在压顶顶部预埋支架设避雷带。用女儿墙现浇混凝土压顶钢筋做暗装避雷带时，防雷引下线可采用不小于直径 10ᵐᵐ 的圆钢。

图 3-27　金属件接地跨接

在女儿墙预制混凝土压顶顶部预埋支架设避雷带时，或在女儿墙上有铁栏杆时，防雷引下线由压顶顶部引出与避雷带连接。引下线在压顶处与女儿墙压顶的通长钢筋之间应用直径 10mm 圆钢进行连接。

2）用建筑物 V 形折板内钢筋做避雷网

折板插筋与吊环和网筋绑扎，通长钢筋应和插筋、吊环绑扎。折板接头部位的通长筋在端部预留 100mm 长钢筋头，便于与引下线连接。

等高多跨搭接处通长筋与通长筋应绑扎，不等高多跨交接处，通长筋之间应用直径 8mm 的圆钢连接焊牢，绑扎或连接的间距为 6m。V 形折板钢筋作防雷装置如图 3-28 所示。

3）高层建筑避雷网的安装

高层建筑是将屋面板内钢筋及在女儿墙上部安装避雷带作为接闪装置，再与引下线和接地装置组成笼式避雷网，如图 3-29 所示。高层建筑物还应注意防侧击雷和采取等电位措施。

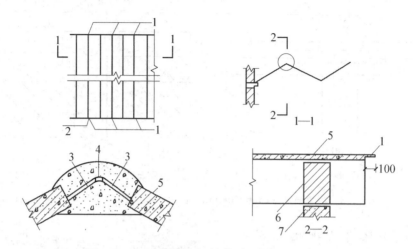

图 3-28 V 形折板钢筋作防雷装置示意图

1—通长筋预留钢筋头；2—引下线；3—吊环（插筋）；4—附加通长 $\phi6$ 钢筋；5—折板；

6—三角架或三角墙；7—支托构件

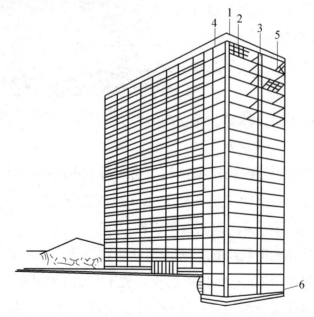

图 3-29 框架结构笼式避雷网示意图

1—女儿墙避雷带；2—屋面钢筋；3—柱内钢筋；4—外墙钢筋；

5—楼板钢筋；6—基础钢筋

4）其他：总等电位联结（MEB），局部等电位联结（LEB）。

除了接地装置、引下线、均压环、接闪器等防雷装置外，常见的防雷装置还有等电位联结。

等电位联结是将建筑物内的金属构架、金属装置、电气设备不带电的金属外壳和电气系统的保护导体等与接地装置做可靠的电气连接，常用的有总等电位联结（MEB）、局部等电位联结（LEB）。

总等电位联结是对整栋建筑物进行的等电位联结，如图 3-30、图 3-31 所示。

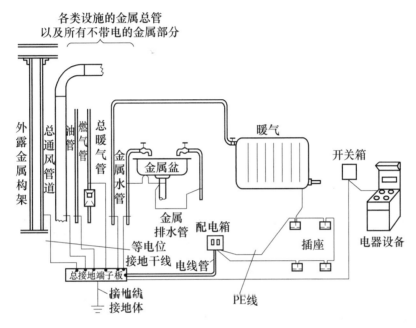

图 3-30　总等电位联结示意图

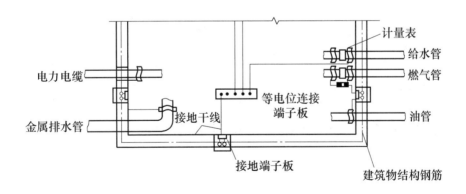

图 3-31　总等电位联结示意图

而局部等电位联结（LEB）是在远离总等电位联结处，非常潮湿，触电危险大的局部地域进行的等电位联结，是总等电位联结的一种补充，如图 3-32 所示。

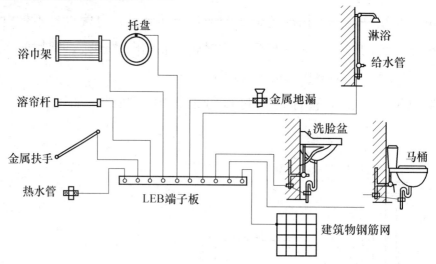

图 3-32　卫生间等电位联结示意图

任务 3.2　建筑防雷与接地装置的识图及算量

3.2.1　建筑防雷与接地装置识图

　　建筑物防雷接地装置施工图一般由屋面防雷平面图与接地装置平面图组成。识图时应读取接闪器、引下线、接地装置、接地测试板、总等电位、局部等电位、接地装置测试等信息。

实训任务单：某教学楼建筑防雷与接地装置识图

1. 目的

　　在教师指导下，从相关工程项目的施工图中获取信息，完成学习情境引导文的节点训练任务，培养学生建筑防雷与接地装置识读的实操能力。

　　2. 工作任务

　　（1）图纸详见：附录 4 的屋顶防雷平面图、基础接地平面图。

　　（2）工作任务：识读图纸，根据建筑防雷与接地装置的基本知识，完成学习情境引导文。

【学习情境引导文】

码3-3 建筑防雷与接地装置识图

建筑防雷与接地装置识图

识读附录4的屋顶防雷平面图、基础基地平面图，结合电气设计说明的内容，回答以下问题：

1. 识读电气设计说明，回答以下问题：

（1）本工程按＿＿＿类防雷建筑物设计。

（2）在屋面沿＿＿＿＿明敷设＿＿＿＿＿＿＿＿＿＿＿＿＿＿＿＿＿＿作为接闪器，屋面避雷网格不大于＿＿＿＿＿＿，利用＿＿＿＿＿＿＿＿＿作为引下线，接地极利用＿＿＿＿＿＿＿，作为防雷装置的钢筋之间的连接均应＿＿＿＿＿。

（3）所有进出建筑物的＿＿＿＿＿＿＿＿＿＿＿＿＿应就近与防雷接地装置相连。

（4）安装在屋面上的＿＿＿＿＿＿＿＿＿＿＿＿＿＿＿＿＿＿＿＿＿＿＿＿＿＿＿＿＿＿均应与防雷装置可靠连接。

（5）利用桩基、承台及地基梁内钢筋作为接地体，要求＿＿＿＿＿＿＿＿＿＿＿＿＿＿＿＿均应焊接成网格，并与防雷＿＿＿＿＿＿焊接。

（6）本工程采用联合接地系统，防雷接地、电子信息系统接地等均与＿＿＿＿＿＿＿＿＿＿＿＿＿＿＿＿连接。

（7）本工程采用联合接地系统，接地电阻不应大于 1Ω，当实测不满足要求时，利用＿＿＿＿＿＿，加设人工接地极。

2. 识读屋顶防雷平面图，回答以下问题：

（1）屋顶沿女儿墙敷设了避雷带，敷设的方式是 ＿＿＿＿＿＿（填写"明敷"或"暗敷"），材质是＿＿＿＿＿＿＿＿＿＿＿＿。

沿屋脊敷设的避雷带，敷设的方式是 ＿＿＿＿＿＿＿（填写"明敷"或"暗敷"），材质是＿＿＿＿＿＿＿＿＿＿＿＿＿＿＿＿。

沿屋面敷设的避雷带，敷设的方式是 ＿＿＿＿＿（填写"明敷"或"暗敷"），材质是＿＿＿＿＿＿＿＿＿＿＿。

（2）防雷引下线，共有＿＿＿＿＿＿处，①轴×Ｅ轴处就有 1 处防雷引下线，其他的防雷引下线敷设的部位有：＿＿＿＿＿＿＿＿＿＿＿＿＿＿＿＿＿＿＿＿＿＿＿＿＿＿

＿＿＿＿＿＿＿＿＿＿＿＿＿＿＿＿＿＿＿＿＿＿＿＿＿＿＿＿＿＿＿＿＿＿＿＿＿＿。

3. 识读基础接地平面图，回答以下问题：

（1）预留外甩的钢筋连接板，布置了＿＿＿＿处，位置分别在＿＿＿＿轴×＿＿＿＿＿轴和＿＿＿＿＿＿轴×＿＿＿＿＿＿轴。

（2）预留外甩的钢筋连接板的材质是＿＿＿＿＿＿＿＿＿＿，规格是＿＿＿＿＿＿＿＿＿，长度 $L=$＿＿＿＿＿＿＿m。

（3）预留接地测试板，布置了 2 处，在①轴×Ｅ轴和⑩轴×Ｅ轴附近，具体位置为距＿＿＿＿＿＿＿＿＿＿＿＿＿＿＿＿＿＿m 处。

（4）基础接地平面图也表示了防雷引下线的位置，它们的位置与屋顶防雷平面图中的位置＿＿＿＿＿＿（填写"一致"或"不一致"）。

（5）本项目的接地装置，利用基础梁内的钢筋，钢筋的规格为＿＿＿＿＿＿＿＿，数量为＿＿＿＿＿＿＿＿根。布置的位置分别在Ⓑ轴、Ⓒ轴、Ⓓ轴、Ⓔ轴，以及在①轴、②轴、③轴、④轴、⑦轴、⑧轴、⑨轴、⑩轴处，即在以上位置将基础梁内规定数量的钢筋通过搭接焊接连接成整体作为接地母线（也叫水平接地体）。

（6）在总配电箱处安装了总等电位连接板、高度 $h=$＿＿＿m，材质规格为铜排 $400\times40\times4$。

（7）另外，根据施工验收规范要求，每个卫生间均需安装卫生间局部等电位，本项目共有卫生间＿＿＿＿＿＿个，因此，卫生间局部等电位的数量是＿＿＿个。

（8）根据防雷接地安装工艺，安装完建筑防雷与接地系统后，需要做接地电阻调试工作。调试系统，一栋建筑按一个系统计算，因此，本项目的接地装置调试的系统为＿＿＿＿＿＿个。

码3-4 第3.2.1节学习情境引导文参考答案

3.2.2　建筑防雷与接地装置算量

【任务】　建筑防雷与接地装置工程量清单的编制

识读附录 4 的电气设计说明、屋顶防雷平面图与基础接地平面图，编制接闪器、引下线、接地装置、接地测试板、总等电位、局部等电位、接地装置测试等项目的工程量清单，请按提示完成工程

码3-5 建筑防雷与接地装置列项及算量

量清单编制工作。

（1）列项

下列分部分项工程量清单中，已根据第 3.2.1 节的建筑防雷与接地装置识图结果填写了项目名称和项目特征，请查阅附录 2 的 D.9 防雷及接地装置和 D.14 电气调整试验分部，将表 3-1 中的项目编码和计量单位填写完整。

分部分项工程量清单　　　　　　　　　　　　　　表 3-1

序号	项目编码	项目名称	项目特征	计量单位	工程量
1		接地母线	利用基础梁内 4 根直径大于 12mm 的钢筋作接地母线		
2		接地母线	利用外甩的 40×4 镀锌扁钢		
3		避雷引下线	利用结构柱内不少于 2 根主筋作为引下线		
4		避雷网	在屋面沿女儿墙明敷 φ12 镀锌圆钢作避雷带		
5		避雷网	沿屋面、沿屋脊暗敷 φ12 镀锌圆钢作避雷带		
6		等电位端子箱、测试板	接地测试板		
7		等电位端子箱、测试板	总等电位连接板		
8		等电位端子箱、测试板	卫生间局部等电位连接板		
9		接地装置	接地装置测试		

（2）确定工程量计算规则

由附录 2 的 D.9 防雷及接地装置和 D.14 电气调整试验分部，查取接地母线、避雷引下线、避雷网、接地测试板、总等电位、局部等电位、接地装置测试等项目的计算规则如下：

1）接地母线、避雷引下线、避雷网的工程量计算规则均为：按设计图示尺寸以长度计算（含附加长度）。

说明：

① 接地母线、引下线、避雷网附加长度见表 3-2。附加长度是考虑避雷网

在敷设过程中会遇到转弯、上下波动、避绕障碍物、搭接等情况而设置的。

接地母线、引下线、避雷网附加长度   表 3-2

项目	附加长度	说明
接地母线、引下线、避雷网附加长度	3.9%	按接地母线、引下线、避雷网全长计算

注：利用柱子钢筋作引下线、基础梁内钢筋接地母线，是不需要考虑附加长度的。如果采用圆钢、扁钢等型钢时要考虑 3.9% 的附加长度。

② 计算避雷网的长度时，按设计图示尺寸以水平长度加垂直长度计算，水平长度在平面图中无尺寸时，可从防雷平面图上用比例尺量取，垂直长度用标高相减。

③ 利用柱筋作引下线、基础梁内钢筋作接地母线时，在清单项目特征中均应描述钢筋焊接根数，一般是按 2 根钢筋焊接考虑。

但是有些施工图可能以 4 根钢筋焊接考虑，这时引下线或者接地母线的清单工程量，仍然同 2 根钢筋焊接时的计算方法一致。但是定额的工程量可能不一致，以广西定额为例，当以 4 根钢筋焊接作引下线和接地母线时，它们工程量需乘以系数 2。计算时以当地定额的实际要求为准。

2) 等电位端子箱、测试板的工程量计算规则为：按设计图示数量计算。

3) 接地装置的接地电阻测试的工程量计算规则为：以系统计量，按设计图示系统计算。

（3）按照规则，依据图纸，请填列计算式并计算工程量（表 3-3）

工程量计算表   表 3-3

序号	项目名称	计量单位	工程量	计算式
1	利用基础梁内 4 根直径大于 12mm 的钢筋作接地母线			
2	利用外甩的 40×4 镀锌扁钢			
3	利用结构柱内不少于 2 根主筋作为引下线(提示:屋顶面标高在屋顶防雷平面图没有标注,可以参见"排水详图二"中的"排水管道系统图",能读取屋面标高为 15.6m,引下线埋深一般为 1m)			
4	在屋面沿女儿墙明敷 φ12 镀锌圆钢作避雷带			
5	沿屋面、屋脊暗敷 φ12 镀锌圆钢作避雷带(提示:图中没有标注避雷网尺寸,可用比例尺量取)			

序号	项目名称	计量单位	工程量	计算式
6	接地测试板			
7	总等电位连接板			
8	卫生间局部等电位连接板			
9	接地装置测试			

（4）汇总并填写工程量

汇总后将工程量填写到分部分项工程量清单中，结果见表 3-4。

分部分项工程量清单　　　　　　　　　　　　　　　　　表 3-4

序号	项目编码	项目名称	项目特征	计量单位	工程量
1	030409002001	接地母线	利用基础梁内 4 根直径大于 12mm 的钢筋作接地母线	m	404
2	030409002002	接地母线	利用外甩的 40×4 镀锌扁钢	m	3.12
3	030409003001	避雷引下线	利用结构柱内不少于 2 根主筋作为引下线	m	199.2
4	030409005001	避雷网	在屋面沿女儿墙明敷 φ12 镀锌圆钢作避雷带	m	152.11
5	030409005002	避雷网	沿屋面、沿屋脊暗敷 φ12 镀锌圆钢作避雷带	m	185.56
6	030409008001	等电位端子箱、测试板	接地测试板	块	2
7	030409008002	等电位端子箱、测试板	总等电位连接板	块	1
8	030409008003	等电位端子箱、测试板	卫生间局部等电位连接板	块	8
9	030414011001	接地装置	接地装置测试	系统	1

码3-6 第 3.2.2节 任务参考答案

训练提高

一、单选题

1. 防直接雷采用避雷针、避雷带或避雷网。一般优先考虑采用（　　　）。

A. 避雷针　　　　B. 避雷带　　　　C. 避雷网　　　　D. 三种组合

2. 制造、使用或贮存炸药的建筑物属于（　　）防雷建筑物。

A. 第四类　　　　B. 第三类　　　　C. 第二类　　　　D. 第一类

3. 国家级重点文物保护的建筑物属于（　　）防雷建筑物。

A. 第四类　　　　B. 第三类　　　　C. 第二类　　　　D. 第一类

4. 当建筑物上不允许装设高出屋顶的避雷针，同时屋顶面积不大时，可采用（　　）。

A. 避雷针　　　　B. 避雷带　　　　C. 避雷网　　　　D. 三种组合

5. 在建筑物上产生的（　　），可通过将建筑物的金属屋顶、房屋中的大型金属物品全部良好的接地处理来消除。

A. 直接雷　　　　B. 雷电波侵入　　C. 感应雷　　　　D. 雷电反击

6. （　　）是将建筑物内的金属构架、金属装置、电气设备不带电的金属外壳和电气系统的保护导体等与接地装置做可靠的电气联结。

A. 等电位联结　　　　　　　　　B. 避雷网

C. 电位联结　　　　　　　　　　D. 局部等电位联结

7. 为防止雷电波侵入，可以采取的措施有（　　）。

A. 工作接地

B. 将配电线路全部采用地下电缆并加装避雷器

C. 静电接地

D. 接零

8. 均压环主要用于（　　）。

A. 防雷电反击　　　　　　　　　B. 防直击雷

C. 防雷电侧面入侵　　　　　　　D. 防感应雷

9. 在建筑物的外周设置一个导电的金属笼，屏蔽雷电场。这个金属笼俗称（　　）。

A. 法拉第笼　　　B. 爱迪生笼　　　C. 拉格朗笼　　　D. 屏蔽笼

10. 避雷针的清单项目编码是（　　）。

A. 030409004　　B. 030409006　　C. 030409005　　D. 030409007

11. 均压环的清单项目编码是（　　）。

A. 030409004　　B. 030409006　　C. 030409009　　D. 030409008

12. 接地极的计量单位和清单项目编码准确的是（　　）。

A. m，030409001　　　　　　　B. m，030409002

C. 根，030409001　　　　　　　D. 根，030409002

13. 接地电阻测试，它的项目编码是（　　　　）。

A. 030414012　　　B. 030414011　　　C. 030414015　　　D. 030414001

二、多选题

1. 建筑物的防雷装置一般由（　　　　）组成。

A. 避雷针　　　　　B. 接闪器　　　　　C. 引下线　　　　　D. 接地装置

E. 均压环

2. 接闪器的形式可分为（　　　　）。

A. 避雷针　　　　　　　　　　　B. 避雷带

C. 避雷网　　　　　　　　　　　D. 接地装置

E. 兼作接闪的金属屋面和金属构件

3. 关于接地母线、避雷引下线、均压环、避雷网，以下描述正确的是（　　　　）。

A. 按图示尺寸以长度计算，需要考虑附加长度

B. 附加长度按 3.9% 计算

C. 工程量的单位是"m"

D. 项目特征描述的主要内容有：名称、材质、规格、安装形式

E. 它们的项目编码都是 030409002

4. 以下描述正确的有（　　　　）。

A. 利用柱筋作引下线的需描述柱筋焊接根数

B. 接地母线、引下线、避雷网附加长度均为 3.9%

C. 等电位端子箱的工程量按图示数量计算

D. 均压环的工程量按图示数量计算

E. 避雷针的工程量按长度计算

5. 关于接地电阻测试，以下描述正确的是（　　　　）。

A. 它的项目编码是 030414012

B. 它的项目名称为接地装置

C. 它的项目特征应描述名称、类别

D. 它的工程量以系统计量

E. 一般一栋建筑按一个系统计算

三、判断题

1. 引下线是连接接闪器和接地装置的金属导体。（　　）

2. 所有接闪器都必须经过接地引下线与接地装置相连接。（　　）

3. 建筑物的金属构件、金属烟囱、烟囱的金属爬梯、混凝土柱内钢筋、钢柱等都可以作为引下线，但其所有部件之间均应连成电气通路。（　　）

4. 按《建筑物防雷设计规范》GB 50057—2010，建筑的防雷等级分为四类。（　　）

5. 为防止人因触摸不同的金属物而触电，将室内所有金属物（如浴缸、毛巾架等）均用导线连接在一起，以消除金属物间的不等电位，称为总等电位联结。（　　）

6. 防雷施工图中的"MEB"表示局部等电位。（　　）

7. 外墙的金属门窗应做接地来防止雷电侧面入侵。（　　）

8. 屋面管道采用法兰连接时，在管道的连接处应设置接地跨接线。（　　）

9. 圆钢接地线搭接焊时，焊缝的长度应不小于 $9d$。（　　）

10. 如用圆钢作避雷网，其最小规格是 $\phi 12$。（　　）

11. 计算隔热板下暗敷避雷带的工程量时，要考虑 3.9% 的附加长度。（　　）

12. 均压环不必与所有引下线相连。（　　）

13. 防雷级别越高，避雷网的网格及引下线的间距就越小。（　　）

码3-7
项目3
训练提高
参考答案

参 考 文 献

［1］ 二级造价工程师执业资格考试培训教材编审委员会. 建设工程计量与计价实务（安装工程）［M］. 北京：中国建材工业出版社，2019.

［2］ 代端明. 建筑水电安装工程识图与算量［M］. 重庆：重庆大学出版社，2016.

［3］ 文桂萍. 建筑设备安装与识图［M］. 北京：机械工业出版社，2010.

［4］ 李宁宁，陈卫平. 建筑识图训练［M］. 武汉：中国地质大学出版社，2012.

［5］ 陈希，许劲. 建筑识图训练［M］. 武汉：中国地质大学出版社，2013.

附录 1
《通用安装工程工程量计算规范》
GB 50856—2013简介

1. "13 规范"

（1）"13 规范"简介

2012 年 12 月 25 日，住房和城乡建设部发布了《建设工程工程量清单计价规范》GB 50500—2013 和 9 个专业工程量计算规范（简称"13 规范"），共 10 本，自 2013 年 7 月 1 日开始实施。"13 规范"适用于建设工程发承包及实施阶段的计价活动。

"13 规范"是以《建设工程工程量清单计价规范》GB 50500—2013 为母规范，各专业工程工程量计算规范与其配套使用的工程计价、计量标准体系。该标准体系将为深入推行工程量清单计价，建立市场形成工程造价机制奠定坚实基础，并对维护建设市场秩序，规范建设工程发承包双方的计价行为，促进建设市场健康发展，发挥重要的作用。

（2）"13 规范"体系

"13 规范"体系见附表 1-1。

"13 规范"体系 附表 1-1

序号	标准	名称	说明
1	GB 50500—2013	建设工程工程量清单计价规范	
2	GB 50854—2013	房屋建筑与装饰工程工程量计算规范	
3	GB 50855—2013	仿古建筑工程工程量计算规范	
4	GB 50856—2013	通用安装工程工程量计算规范	
5	GB 50857—2013	市政工程工程量计算规范	
6	GB 50858—2013	园林绿化工程工程量计算规范	
7	GB 50859—2013	矿山工程工程量计算规范	
8	GB 50860—2013	构筑物工程工程量计算规范	
9	GB 50861—2013	城市轨道交通工程工程量计算规范	
10	GB 50862—2013	爆破工程工程量计算规范	

本教材主要依据《通用安装工程工程量计算规范》GB 50856—2013，编制建筑水电安装工程的工程量清单以及工程量计算。

2. 《通用安装工程工程量计算规范》GB 50856—2013 组成内容

《通用安装工程工程量计算规范》GB 50856—2013 由正文和附录两部分组成，二者具有同等效力，缺一不可。组成内容见附表 1-2。

《通用安装工程工程量计算规范》GB 50856—2013 组成内容　　附表 1-2

序号	章节	名称	条文数	项目数	说明
1	第 1 章	总则	4		
2	第 2 章	术语	2		
3	第 3 章	工程计量	8		
4	第 4 章	工程量清单编制	12		
5	附录 A	机械设备安装工程		14	
6	附录 B	热力设备安装工程		26	
7	附录 C	静置设备与工艺金属结构制作安装工程		11	
8	附录 D	电气设备安装工程		15	
9	附录 E	建筑智能化工程		8	
10	附录 F	自动化控制仪表安装工程		12	
11	附录 G	通风空调工程		5	
12	附录 H	工业管道工程		18	
13	附录 J	消防工程		6	
14	附录 K	给排水、采暖、燃气工程		10	
15	附录 L	通信设备及线路工程		4	
16	附录 M	刷油、防腐蚀、绝热工程		11	
17	附录 N	措施项目		3	
		合计	26	143	

（1）正文

正文有 4 章，条文数量共 26 条，其中强制性条文 8 条，强制性条文为黑色字体标志，必须严格执行。正文包括总则、术语、工程计量、工程量清单编制等内容。

（2）附录

本规范有 13 个附录，清单项目共 143 项。附录中主要内容包括有：项目编码、项目名称、项目特征、计量单位、工程量计算规则和工作内容等。其中，项目编码、项目名称、项目特征、计量单位、工程量计算规则作为工程量清单"五要件"内容，要求编制工程量清单时必须执行。

本教材主要依据《通用安装工程工程量计算规范》GB 50856—2013 附录 D 电气设备安装工程、附录 K 给排水、采暖、燃气工程（详见本书附录 2、附录 3）进行建筑水电安装工程的工程量计算。

（3）附录 D 电气设备安装工程、附录 K 给排水、采暖、燃气工程的组成，详见附表 1-3。

附录 D、附录 K 的组成　　　　　　　　　　　　附表 1-3

序号	名称
附录 D　电气设备安装工程	
1	D.1 变压器安装
2	D.2 配电装置安装
3	D.3 母线安装
4	D.4 控制设备及低压电器安装
5	D.5 蓄电池安装
6	D.6 电机检查接线及调试
7	D.7 滑触线装置安装
8	D.8 电缆安装
9	D.9 防雷及接地装置
10	D.10 10kV 以下架空配电线路
11	D.11 配管配线
12	D.12 照明器具安装
13	D.13 附属工程
14	D.14 电气调整试验
15	D.15 相关问题及说明
附录 K　给排水、采暖、燃气工程	
1	K.1 给排水、采暖、燃气管道
2	K.2 支架及其他
3	K.3 管道附件
4	K.4 卫生器具
5	K.5 供暖器具
6	K.6 采暖、给排水设备
7	K.7 燃气器具及其他
8	K.8 医疗气体设备及附件
9	K.9 采暖、空调水工程系统调试
10	K.10 相关问题及说明

附录 2

《通用安装工程工程量计算规范》

GB 50856—2013

附录D 电气设备安装工程

D.1 变压器安装

变压器安装工程量清单项目设置、项目特征描述的内容、计量单位及工程量计算规则，应按表 D.1 的规定执行。

变压器安装（编码：030401）   表 D.1

项目编码	项目名称	项目特征	计量单位	工程量计算规则	工作内容
030401001	油浸电力变压器	1. 名称 2. 型号 3. 容量(kV·A) 4. 电压(kV) 5. 油过滤要求 6. 干燥要求 7. 基础型钢形式、规格 8. 网门、保护门材质、规格 9. 温控箱型号、规格	台	按设计图示数量计算	1. 本体安装 2. 基础型钢制作、安装 3. 油过滤 4. 干燥 5. 接地 6. 网门、保护门制作、安装 7. 补刷（喷）油漆
030401002	干式变压器				1. 本体安装 2. 基础型钢制作、安装 3. 温控箱安装 4. 接地 5. 网门、保护门制作、安装 6. 补刷（喷）油漆
030401003	整流变压器	1. 名称 2. 型号 3. 容量(kV·A) 4. 电压(kV) 5. 油过滤要求 6. 干燥要求 7. 基础型钢形式、规格 8. 网门、保护门材质、规格			1. 本体安装 2. 基础型钢制作、安装 3. 油过滤 4. 干燥 5. 网门、保护门制作、安装 6. 补刷（喷）油漆
030401004	自耦变压器				
030401005	有载调压变压器				

项目编码	项目名称	项目特征	计量单位	工程量计算规则	工作内容
030401006	电炉变压器	1. 名称 2. 型号 3. 容量（kV·A） 4. 电压（kV） 5. 基础型钢形式、规格 6. 网门、保护门材质、规格	台	按设计图示数量计算	1. 本体安装 2. 基础型钢制作、安装 3. 网门、保护门制作、安装 4. 补刷（喷）油漆
030401007	消弧线圈	1. 名称 2. 型号 3. 容量（kV·A） 4. 电压（kV） 5. 油过滤要求 6. 干燥要求 7. 基础型钢形式、规格			1. 本体安装 2. 基础型钢制作、安装 3. 油过滤 4. 干燥 5. 补刷（喷）油漆

注：变压器油如需试验、化验、色谱分析应按本规范附录 N 措施项目相关项目编码列项。

D.2 配电装置安装

配电装置安装工程量清单项目设置、项目特征描述的内容、计量单位及工程量计算规则，应按表 D.2 的规定执行。

配电装置安装（编码：030402）　　　　表 D.2

项目编码	项目名称	项目特征	计量单位	工程量计算规则	工作内容
030402001	油断路器	1. 名称 2. 型号 3. 容量（A） 4. 电压等级（kV） 5. 安装条件 6. 操作机构名称及型号 7. 基础型钢规格 8. 接线材质、规格 9. 安装部位 10. 油过滤要求	台	按设计图示数量计算	1. 本体安装、调试 2. 基础型钢制作、安装 3. 油过滤 4. 补刷（喷）油漆 5. 接地
030402002	真空断路器				1. 本体安装、调试 2. 基础型钢制作、安装 3. 补刷（喷）油漆 4. 接地
030402003	SF$_6$ 断路器				

项目编码	项目名称	项目特征	计量单位	工程量计算规则	工作内容
030402004	空气断路器	1. 名称 2. 型号 3. 容量(A) 4. 电压等级(kV) 5. 安装条件 6. 操作机构名称及型号 7. 接线材质、规格 8. 安装部位	台	按设计图示数量计算	1. 本体安装、调试 2. 基础型钢制作、安装 3. 补刷(喷)油漆 4. 接地
030402005	真空接触器				1. 本体安装、调试 2. 补刷(喷)油漆 3. 接地
030402006	隔离开关		组		
030402007	负荷开关				
030402008	互感器	1. 名称 2. 型号 3. 规格 4. 类型	台		1. 本体安装、调试 2. 干燥 3. 油过滤 4. 接地
030402009	高压熔断器	1. 名称 2. 型号 3. 规格 4. 安装部位			1. 本体安装、调试 2. 接地
030402010	避雷器	1. 名称 2. 型号 3. 规格 4. 电压等级 5. 安装部位	组		1. 本体安装 2. 接地
030402011	干式电抗器	1. 名称 2. 型号 3. 规格 4. 质量 5. 安装部位 6. 干燥要求			1. 本体安装 2. 干燥
030402012	油浸电抗器	1. 名称 2. 型号 3. 规格 4. 容量(kV·A) 5. 油过滤要求 6. 干燥要求	台		1. 本体安装 2. 油过滤 3. 干燥
030402013	移相及串联电容器	1. 名称 2. 型号 3. 规格 4. 质量 5. 安装部位	个		1. 本体安装 2. 接地
030402014	集合式并联电容器				

项目编码	项目名称	项目特征	计量单位	工程量计算规则	工作内容
030402015	并联补偿电容器组架	1. 名称 2. 型号 3. 规格 4. 结构形式	台	按设计图示数量计算	1. 本体安装 2. 接地
030402016	交流滤波装置组架	1. 名称 2. 型号 3. 规格			
030402017	高压成套配电柜	1. 名称 2. 型号 3. 规格 4. 母线配置方式 5. 种类 6. 基础型钢形式、规格			1. 本体安装 2. 基础型钢制作、安装 3. 补刷(喷)油漆 4. 接地
030402018	组合型成套箱式变电站	1. 名称 2. 型号 3. 容量(kV·A) 4. 电压(kV) 5. 组合形式 6. 基础规格、浇筑材质			1. 本体安装 2. 基础浇筑 3. 进箱母线安装 4. 补刷(喷)油漆 5. 接地

注:1. 空气断路器的储气罐及储气罐至断路器的管路应按本规范附录 H 工业管道工程相关项目编码列项。
2. 干式电抗器项目适用于混凝土电抗器、铁芯干式电抗器、空心干式电抗器等。
3. 设备安装未包括地脚螺栓、浇筑(二次灌浆、抹面),如需安装应按现行国家标准《房屋建筑与装饰工程工程量计算规范》GB 50854 相关项目编码列项。

D.3 母线安装

母线安装工程量清单项目设置、项目特征描述的内容、计量单位及工程量计算规则,应按表 D.3 的规定执行。

母线安装 (编码:030403)　　　　　　　　　　　　　　　表 D.3

项目编码	项目名称	项目特征	计量单位	工程量计算规则	工作内容
030403001	软母线	1. 名称 2. 材质 3. 型号 4. 规格 5. 绝缘子类型、规格	m	按设计图示尺寸以单相长度计算(含预留长度)	1. 母线安装 2. 绝缘子耐压试验 3. 跳线安装 4. 绝缘子安装
030403002	组合软母线				

项目编码	项目名称	项目特征	计量单位	工程量计算规则	工作内容
030403003	带形母线	1. 名称 2. 型号 3. 规格 4. 材质 5. 绝缘子类型、规格 6. 穿墙套管材质、规格 7. 穿通板材质、规格 8. 母线桥材质、规格 9. 引下线材质、规格 10. 伸缩节、过渡板材质、规格 11. 分相漆品种	m	按设计图示尺寸以单相长度计算(含预留长度)	1. 母线安装 2. 穿通板制作、安装 3. 支持绝缘子、穿墙套管的耐压试验、安装 4. 引下线安装 5. 伸缩节安装 6. 过渡板安装 7. 刷分相漆
030403004	槽形母线	1. 名称 2. 型号 3. 规格 4. 材质 5. 连接设备名称、规格 6. 分相漆品种			1. 母线制作、安装 2. 与发电机、变压器连接 3. 与断路器、隔离开关连接 4. 刷分相漆
030403005	共箱母线	1. 名称 2. 型号 3. 规格 4. 材质		按设计图示尺寸以中心线长度计算	1. 母线安装 2. 补刷(喷)油漆
030403006	低压封闭式插接母线槽	1. 名称 2. 型号 3. 规格 4. 容量(A) 5. 线制 6. 安装部位			
030403007	始端箱、分线箱	1. 名称 2. 型号 3. 规格 4. 容量(A)	台	按设计图示数量计算	1. 本体安装 2. 补刷(喷)油漆
030403008	重型母线	1. 名称 2. 型号 3. 规格 4. 容量(A) 5. 材质 6. 绝缘子类型、规格 7. 伸缩器及导板规格	t	按设计图示尺寸以质量计算	1. 母线制作、安装 2. 伸缩器及导板制作、安装 3. 支持绝缘子安装 4. 补刷(喷)油漆

注:1. 软母线安装预留长度见表 D.15.7-1。
   2. 硬母线配置安装预留长度见表 D.15.7-2。

D.4 控制设备及低压电器安装

控制设备及低压电器安装工程量清单项目设置、项目特征描述的内容、计量单位及工程量计算规则，应按表 D.4 的规定执行。

控制设备及低压电器安装（编码：030404） 表 D.4

项目编码	项目名称	项目特征	计量单位	工程量计算规则	工作内容
030404001	控制屏				1. 本体安装 2. 基础型钢制作、安装 3. 端子板安装 4. 焊、压接线端子 5. 盘柜配线、端子接线 6. 小母线安装 7. 屏边安装 8. 补刷（喷）油漆 9. 接地
030404002	继电、信号屏				
030404003	模拟屏				
030404004	低压开关柜(屏)	1. 名称 2. 型号 3. 规格 4. 种类 5. 基础型钢形式、规格 6. 接线端子材质、规格 7. 端子板外部接线材质、规格 8. 小母线材质、规格 9. 屏边规格	台	按设计图示数量计算	1. 本体安装 2. 基础型钢制作、安装 3. 端子板安装 4. 焊、压接线端子 5. 盘柜配线、端子接线 6. 屏边安装 7. 补刷（喷）油漆 8. 接地
030404005	弱电控制返回屏				1. 本体安装 2. 基础型钢制作、安装 3. 端子板安装 4. 焊、压接线端子 5. 盘柜配线、端子接线 6. 小母线安装 7. 屏边安装 8. 补刷（喷）油漆 9. 接地

项目编码	项目名称	项目特征	计量单位	工程量计算规则	工作内容
030404006	箱式配电室	1. 名称 2. 型号 3. 规格 4. 质量 5. 基础规格、浇筑材质 6. 基础型钢形式、规格	套	按设计图示数量计算	1. 本体安装 2. 基础型钢制作、安装 3. 基础浇筑 4. 补刷(喷)油漆 5. 接地
030404007	硅整流柜	1. 名称 2. 型号 3. 规格 4. 容量(A) 5. 基础型钢形式、规格			1. 本体安装 2. 基础型钢制作、安装 3. 补刷(喷)油漆 4. 接地
030404008	可控硅柜	1. 名称 2. 型号 3. 规格 4. 容量(kW) 5. 基础型钢形式、规格			
030404009	低压电容器柜	1. 名称 2. 型号 3. 规格 4. 基础型钢形式、规格 5. 接线端子材质、规格 6. 端子板外部接线材质、规格 7. 小母线材质、规格 8. 屏边规格	台		1. 本体安装 2. 基础型钢制作、安装 3. 端子板安装 4. 焊、压接线端子 5. 盘柜配线、端子接线 6. 小母线安装 7. 屏边安装 8. 补刷(喷)油漆 9. 接地
030404010	自动调节励磁屏				
030404011	励磁灭磁屏				
030404012	蓄电池屏(柜)				
030404013	直流馈电屏				
030404014	事故照明切换屏				
030404015	控制台	1. 名称 2. 型号 3. 规格 4. 基础型钢形式、规格 5. 接线端子材质、规格 6. 端子板外部接线材质、规格 7. 小母线材质、规格			1. 本体安装 2. 基础型钢制作、安装 3. 端子板安装 4. 焊、压接线端子 5. 盘柜配线、端子接线 6. 小母线安装 7. 补刷(喷)油漆

项目编码	项目名称	项目特征	计量单位	工程量计算规则	工作内容
030404016	控制箱	1. 名称 2. 型号 3. 规格 4. 基础形式、材质、规格 5. 接线端子材质、规格 6. 端子板外部接线材质、规格 7. 安装方式	台	按设计图示数量计算	1. 本体安装 2. 基础型钢制作、安装 3. 焊、压接线端子 4. 补刷（喷）油漆 5. 接地
030404017	配电箱				
030404018	插座箱	1. 名称 2. 型号 3. 规格 4. 安装方式			1. 本体安装 2. 接地
030404019	控制开关	1. 名称 2. 型号 3. 规格 4. 接线端子材质、规格 5. 额定电流（A）	个		1. 本体安装 2. 焊、压接线端子 3. 接线
030404020	低压熔断器	1. 名称 2. 型号 3. 规格 4. 接线端子材质、规格			
030404021	限位开关				
030404022	控制器		台		
030404023	接触器				
030404024	磁力启动器				
030404025	Y-△自耦减压启动器				
030404026	电磁铁（电磁制动器）				
030404027	快速自动开关				
030404028	电阻器		箱		
030404029	油浸频敏变阻器		台		

续表

项目编码	项目名称	项目特征	计量单位	工程量计算规则	工作内容
030404030	分流器	1. 名称 2. 型号 3. 规格 4. 容量(A) 5. 接线端子材质、规格	个	按设计图示数量计算	1. 本体安装 2. 焊、压接线端子 3. 接线
030404031	小电器	1. 名称 2. 型号 3. 规格 4. 接线端子材质、规格	个(套、台)		1. 本体安装 2. 焊、压接线端子 3. 接线
030404032	端子箱	1. 名称 2. 型号 3. 规格 4. 安装部位	台	按设计图示数量计算	1. 本体安装 2. 接线
030404033	风扇	1. 名称 2. 型号 3. 规格 4. 安装方式			1. 本体安装 2. 调速开关安装
030404034	照明开关	1. 名称 2. 材质 3. 规格 4. 安装方式	个		1. 本体安装 2. 接线
030404035	插座				
030404036	其他电器	1. 名称 2. 规格 3. 安装方式	个(套、台)		1. 安装 2. 接线

注:1. 控制开关包括:自动空气开关、刀型开关、铁壳开关、胶盖刀闸开关、组合控制开关、万能转换开关、风机盘管三速开关、漏电保护开关等。

2. 小电器包括:按钮、电笛、电铃、水位电气信号装置、测量表计、继电器、电磁锁、屏上辅助设备、辅助电压互感器、小型安全变压器等。

3. 其他电器安装指:本节未列的电器项目。

4. 其他电器必须根据电器实际名称确定项目名称,明确描述工作内容、项目特征、计量单位、计算规则。

5. 盘、箱、柜的外部进出电线预留长度见表 D.15.7-3。

D.5　蓄电池安装

蓄电池安装工程量清单项目设置、项目特征描述的内容、计量单位及工程量计算规则，应按表 D.5 的规定执行。

蓄电池安装（编码：030405）　　　　　　表 D.5

项目编码	项目名称	项目特征	计量单位	工程量计算规则	工作内容
030405001	蓄电池	1. 名称 2. 型号 3. 容量（A·h） 4. 防震支架形式、材质 5. 充放电要求	个（组件）	设计图示数量计算	1. 本体安装 2. 防震支架安装 3. 充放电
030405002	太阳能电池	1. 名称 2. 型号 3. 规格 4. 容量 5. 安装方式	组		1. 安装 2. 电池方阵铁架安装 3. 联调

D.6　电机检查接线及调试

电机检查接线及调试工程量清单项目设置、项目特征描述的内容、计量单位及工程量计算规则，应按表 D.6 的规定执行。

电机检查接线及调试（编码：030406）　　　　　　表 D.6

项目编码	项目名称	项目特征	计量单位	工程量计算规则	工作内容
030406001	发电机	1. 名称 2. 型号 3. 容量（kW） 4. 接线端子材质、规格 5. 干燥要求	台	按设计图示数量计算	1. 检查接线 2. 接地 3. 干燥 4. 调试
030406002	调相机				
030406003	普通小型直流电动机				

项目编码	项目名称	项目特征	计量单位	工程量计算规则	工作内容
030406004	可控硅调速直流电动机	1. 名称 2. 型号 3. 容量(kW) 4. 类型 5. 接线端子材质、规格 6. 干燥要求	台	按设计图示数量计算	1. 检查接线 2. 接地 3. 干燥 4. 调试
030406005	普通交流同步电动机	1. 名称 2. 型号 3. 容量(kW) 4. 启动方式 5. 电压等级(kV) 6. 接线端子材质、规格 7. 干燥要求			
030406006	低压交流异步电动机	1. 名称 2. 型号 3. 容量(kW) 4. 控制保护方式 5. 接线端子材质、规格 6. 干燥要求			
030406007	高压交流异步电动机	1. 名称 2. 型号 3. 容量(kW) 4. 保护类别 5. 接线端子材质、规格 6. 干燥要求			
030406008	交流变频调速电动机	1. 名称 2. 型号 3. 容量(kW) 4. 类别 5. 接线端子材质、规格 6. 干燥要求			
030406009	微型电机、电加热器	1. 名称 2. 型号 3. 规格 4. 接线端子材质、规格 5. 干燥要求			

续表

项目编码	项目名称	项目特征	计量单位	工程量计算规则	工作内容
030406010	电动机组	1. 名称 2. 型号 3. 电动机台数 4. 联锁台数 5. 接线端子材质、规格 6. 干燥要求	组	按设计图示数量计算	1. 检查接线 2. 接地 3. 干燥 4. 调试
030406011	备用励磁机组	1. 名称 2. 型号 3. 接线端子材质、规格 4. 干燥要求	组	按设计图示数量计算	1. 检查接线 2. 接地 3. 干燥 4. 调试
030406012	励磁电阻器	1. 名称 2. 型号 3. 规格 4. 接线端子材质、规格 5. 干燥要求	台	按设计图示数量计算	1. 本体安装 2. 检查接线 3. 干燥

注:1. 可控硅调速直流电动机类型指一般可控硅调速直流电动机、全数字式控制可控硅调速直流电动机。
　　2. 交流变频调速电动机类型指交流同步变频电动机、交流异步变频电动机。
　　3. 电动机按其质量划分为大、中、小型:3t 以下为小型,3~30t 为中型,30t 以上为大型。

D. 7　滑触线装置安装

滑触线装置安装工程量清单项目设置、项目特征描述的内容、计量单位及工程量计算规则,应按表 D. 7 的规定执行。

滑触线装置安装（编码:030407） 表 D. 7

项目编码	项目名称	项目特征	计量单位	工程量计算规则	工作内容
030407001	滑触线	1. 名称 2. 型号 3. 规格 4. 材质 5. 支架形式、材质 6. 移动软电缆材质、规格、安装部位 7. 拉紧装置类型 8. 伸缩接头材质、规格	m	按设计图示尺寸以单相长度计算（含预留长度）	1. 滑触线安装 2. 滑触线支架制作、安装 3. 拉紧装置及挂式支持器制作、安装 4. 移动软电缆安装 5. 伸缩接头制作、安装

注:1. 支架基础铁件及螺栓是否浇筑需说明。
　　2. 滑触线安装预留长度见表 D. 15.7-4。

D.8 电缆安装

电缆安装工程量清单项目设置、项目特征描述的内容、计量单位及工程量计算规则，应按表 D.8 的规定执行。

电缆安装（编码：030408） 表 D.8

项目编码	项目名称	项目特征	计量单位	工程量计算规则	工作内容
030408001	电力电缆	1. 名称 2. 型号 3. 规格 4. 材质 5. 敷设方式、部位 6. 电压等级(kV) 7. 地形	m	按设计图示尺寸以长度计算(含预留长度及附加长度)	1. 电缆敷设 2. 揭(盖)盖板
030408002	控制电缆				
030408003	电缆保护管	1. 名称 2. 材质 3. 规格 4. 敷设方式		按设计图示尺寸以长度计算	保护管敷设
030408004	电缆槽盒	1. 名称 2. 材质 3. 规格 4. 型号			槽盒安装
030408005	铺砂、盖保护板(砖)	1. 种类 2. 规格			1. 铺砂 2. 盖板(砖)
030408006	电力电缆头	1. 名称 2. 型号 3. 规格 4. 材质、类型 5. 安装部位 6. 电压等级(kV)	个	按设计图示数量计算	1. 电力电缆头制作 2. 电力电缆头安装 3. 接地
030408007	控制电缆头	1. 名称 2. 型号 3. 规格 4. 材质、类型 5. 安装方式			
030408008	防火堵洞	1. 名称 2. 材质 3. 方式 4. 部位	处	按设计图示数量计算	安装
030408009	防火隔板		m²	按设计图示尺寸以面积计算	
030408010	防火涂料		kg	按设计图示尺寸以质量计算	

续表

项目编码	项目名称	项目特征	计量单位	工程量计算规则	工作内容
030408011	电缆分支箱	1. 名称 2. 型号 3. 规格 4. 基础形式、材质、规格	台	按设计图示数量计算	1. 本体安装 2. 基础制作、安装

注:1. 电缆穿刺线夹按电缆头编码列项。

2. 电缆井、电缆排管、顶管,应按现行国家标准《市政工程工程量计算规范》GB 50857 相关项目编码列项。

3. 电缆敷设预留长度及附加长度见表 D.15.7-5。

D.9　防雷及接地装置

防雷及接地装置工程量清单项目设置、项目特征描述的内容、计量单位及工程量计算规则,应按表 D.9 的规定执行。

防雷及接地装置 (编码:030409)　　　　表 D.9

项目编码	项目名称	项目特征	计量单位	工程量计算规则	工作内容
030409001	接地极	1. 名称 2. 材质 3. 规格 4. 土质 5. 基础接地形式	根 (块)	按设计图示数量计算	1. 接地极(板、桩)制作、安装 2. 基础接地网安装 3. 补刷(喷)油漆
030409002	接地母线	1. 名称 2. 材质 3. 规格 4. 安装部位 5. 安装形式			1. 接地母线制作、安装 2. 补刷(喷)油漆
030409003	避雷引下线	1. 名称 2. 材质 3. 规格 4. 安装部位 5. 安装形式 6. 断接卡子、箱材质、规格	m	按设计图示尺寸以长度计算(含附加长度)	1. 避雷引下线制作、安装 2. 断接卡子、箱制作、安装 3. 利用主钢筋焊接 4. 补刷(喷)油漆
030409004	均压环	1. 名称 2. 材质 3. 规格 4. 安装形式			1. 均压环敷设 2. 钢铝窗接地 3. 柱主筋与圈梁焊接 4. 利用圈梁钢筋焊接 5. 补刷(喷)油漆

续表

项目编码	项目名称	项目特征	计量单位	工程量计算规则	工作内容
030409005	避雷网	1. 名称 2. 材质 3. 规格 4. 安装形式 5. 混凝土块标号	m	按设计图示尺寸以长度计算（含附加长度）	1. 避雷网制作、安装 2. 跨接 3. 混凝土块制作 4. 补刷(喷)油漆
030409006	避雷针	1. 名称 2. 材质 3. 规格 4. 安装形式、高度	根	按设计图示数量计算	1. 避雷针制作、安装 2. 跨接 3. 补刷(喷)油漆
030409007	半导体少长针消雷装置	1. 型号 2. 高度	套		本体安装
030409008	等电位端子箱、测试板	1. 名称 2. 材质	台（块）		
030409009	绝缘垫	3. 规格	m²	按设计图示尺寸以展开面积计算	1. 制作 2. 安装
030409010	浪涌保护器	1. 名称 2. 规格 3. 安装形式 4. 防雷等级	个	按设计图示数量计算	1. 本体安装 2. 接线 3. 接地
030409011	降阻剂	1. 名称 2. 类型	kg	按设计图示以质量计算	1. 挖土 2. 施放降阻剂 3. 回填土 4. 运输

注:1. 利用桩基础作接地极,应描述桩台下桩的根数,每桩台下需焊接柱筋根数,其工程量按柱引下线计算;利用基础钢筋作接地极按均压环项目编码列项。

2. 利用柱筋作引下线的,需描述柱筋焊接根数。

3. 利用圈梁筋作均压环的,需描述圈梁筋焊接根数。

4. 使用电缆、电线作接地线,应按本附录 D.8、附录 D.12 相关项目编码列项。

5. 接地母线、引下线、避雷网附加长度见表 D.15.7-6。

D.10 10kV 以下架空配电线路

10kV 以下架空配电线路工程量清单项目设置、项目特征描述的内容、计量单位及工程量计算规则,应按表 D.10 的规定执行。

10kV 以下架空配电线路（编码：030410）　　表 D.10

项目编码	项目名称	项目特征	计量单位	工程量计算规则	工作内容
030410001	电杆组立	1. 名称 2. 材质 3. 规格 4. 类型 5. 地形 6. 土质 7. 底盘、拉盘、卡盘规格 8. 拉线材质、规格、类型 9. 现浇基础类型、钢筋类型、规格，基础垫层要求 10. 电杆防腐要求	根（基）	按设计图示数量计算	1. 施工定位 2. 电杆组立 3. 土（石）方挖填 4. 底盘、拉盘、卡盘安装 5. 电杆防腐 6. 拉线制作、安装 7. 现浇基础、基础垫层 8. 工地运输
030410002	横担组装	1. 名称 2. 材质 3. 规格 4. 类型 5. 电压等级(kV) 6. 瓷瓶型号、规格 7. 金具品种规格	组		1. 横担安装 2. 瓷瓶、金具组装
030410003	导线架设	1. 名称 2. 型号 3. 规格 4. 地形 5. 跨越类型	km	按设计图示尺寸以单线长度计算（含预留长度）	1. 导线架设 2. 导线跨越及进户线架设 3. 工地运输
030410004	杆上设备	1. 名称 2. 型号 3. 规格 4. 电压等级(kV) 5. 支撑架种类、规格 6. 接线端子材质、规格 7. 接地要求	台（组）	按设计图示数量计算	1. 支撑架安装 2. 本体安装 3. 焊压接线端子、接线 4. 补刷（喷）油漆 5. 接地

注：1. 杆上设备调试，应按本附录 D.14 相关项目编码列项。
　　2. 架空导线预留长度见表 D.15.7-7。

D.11 配管、配线

配管、配线工程量清单项目设置、项目特征描述的内容、计量单位及工程量计算规则，应按表 D.11 的规定执行。

配管、配线（编码：030411） 表 D.11

项目编码	项目名称	项目特征	计量单位	工程量计算规则	工作内容
030411001	配管	1. 名称 2. 材质 3. 规格 4. 配置形式 5. 接地要求 6. 钢索材质、规格	m	按设计图示尺寸以长度计算	1. 电线管路敷设 2. 钢索架设(拉紧装置安装) 3. 预留沟槽 4. 接地
030411002	线槽	1. 名称 2. 材质 3. 规格			1. 本体安装 2. 补刷(喷)油漆
030411003	桥架	1. 名称 2. 型号 3. 规格 4. 材质 5. 类型 6. 接地方式			1. 本体安装 2. 接地
030411004	配线	1. 名称 2. 配线形式 3. 型号 4. 规格 5. 材质 6. 配线部位 7. 配线线制 8. 钢索材质、规格	m	按设计图示尺寸以单线长度计算（含预留长度）	1. 配线 2. 钢索架设(拉紧装置安装) 3. 支持体(夹板、绝缘子、槽板等)安装
030411005	接线箱	1. 名称 2. 材质 3. 规格 4. 安装形式	个	按设计图示数量计算	本体安装
030411006	接线盒				

注：1. 配管、线槽安装不扣除管路中间的接线箱(盒)、灯头盒、开关盒所占长度。
2. 配管名称指电线管、钢管、防爆管、塑料管、软管、波纹管等。
3. 配管配置形式指明配、暗配、吊顶内、钢结构支架、钢索配管、埋地敷设、水下敷设、砌筑沟内敷设等。
4. 配线名称指管内穿线、瓷夹板配线、塑料夹板配线、绝缘子配线、槽板配线、塑料护套配线、线槽配线、车间带形母线等。
5. 配线形式指照明线路，动力线路，木结构，顶棚内，砖、混凝土结构，沿支架、钢索、屋架、梁、柱、墙，以及跨屋架、梁、柱。
6. 配线保护管遇到下列情况之一时，应增设管路接线盒和拉线盒：(1)管长度每超过 30m，无弯曲；(2)管长度每超过 20m，有 1 个弯曲；(3)管长度每超过 15m，有 2 个弯曲；(4)管长度每超过 8m，有 3 个弯曲。垂直敷设的电线保护管遇到下列情况之一时，应增设固定导线用的拉线盒：(1)管内导线截面面积为 50mm² 及以下，长度每超过 30m；(2)管内导线截面面积为 70～95mm²，长度每超过 20m；(3)管内导线截面面积为 120～240mm²，长度每超过 18m。在配管清单项目计量时，设计无要求时上述规定可以作为计量接线盒、拉线盒的依据。
7. 配管安装中不包括凿槽、刨沟，应按本附录 D.13 相关项目编码列项。
8. 配线进入箱、柜、板的预留长度见表 D.15.7-8。

D.12 照明器具安装

照明器具安装工程量清单项目设置、项目特征描述的内容、计量单位及工程量计算规则，应按表 D.12 的规定执行。

照明器具安装（编码：030412） 表 D.12

项目编码	项目名称	项目特征	计量单位	工程量计算规则	工作内容
030412001	普通灯具	1. 名称 2. 型号 3. 规格 4. 类型	套	按设计图示数量计算	本体安装
030412002	工厂灯	1. 名称 2. 型号 3. 规格 4. 安装形式			
030412003	高度标志（障碍)灯	1. 名称 2. 型号 3. 规格 4. 安装部位 5. 安装高度			
030412004	装饰灯	1. 名称 2. 型号 3. 规格 4. 安装形式			
030412005	荧光灯				
030412006	医疗专用灯	1. 名称 2. 型号 3. 规格			
030412007	一般路灯	1. 名称 2. 型号 3. 规格 4. 灯杆材质、规格 5. 灯架形式及臂长 6. 附件配置要求 7. 灯杆形式(单、双) 8. 基础形式、砂浆配合比 9. 杆座材质、规格 10. 接线端子材质、规格 11. 编号 12. 接地要求			1. 基础制作、安装 2. 立灯杆 3. 杆座安装 4. 灯架及灯具附件安装 5. 焊、压接线端子 6. 补刷（喷）油漆 7. 灯杆编号 8. 接地

续表

项目编码	项目名称	项目特征	计量单位	工程量计算规则	工作内容
030412008	中杆灯	1. 名称 2. 灯杆的材质及高度 3. 灯架的型号、规格 4. 附件配置 5. 光源数量 6. 基础形式、浇筑材质 7. 杆座材质、规格 8. 接线端子材质、规格 9. 铁构件规格 10. 编号 11. 灌浆配合比 12. 接地要求	套	按设计图示数量计算	1. 基础浇筑 2. 立灯杆 3. 杆座安装 4. 灯架及灯具附件安装 5. 焊、压接线端子 6. 铁构件安装 7. 补刷（喷）油漆 8. 灯杆编号 9. 接地
030412009	高杆灯	1. 名称 2. 灯杆高度 3. 灯架形式（成套或组装、固定或升降） 4. 附件配置 5. 光源数量 6. 基础形式、浇筑材质 7. 杆座材质、规格 8. 接线端子材质、规格 9. 铁构件规格 10. 编号 11. 灌浆配合比 12. 接地要求	套	按设计图示数量计算	1. 基础浇筑 2. 立灯杆 3. 杆座安装 4. 灯架及灯具附件安装 5. 焊、压接线端子 6. 铁构件安装 7. 补刷（喷）油漆 8. 灯杆编号 9. 升降机构接线调试 10. 接地
030412010	桥栏杆灯	1. 名称 2. 型号 3. 规格 4. 安装形式			1. 灯具安装 2. 补刷（喷）油漆
030412011	地道涵洞灯				

注：1. 普通灯具包括圆球吸顶灯、半圆球吸顶灯、方形吸顶灯、软线吊灯、座灯头、吊链灯、防水吊灯、壁灯等。
2. 工厂灯包括工厂罩灯、防水灯、防尘灯、碘钨灯、投光灯、泛光灯、混光灯、密闭灯等。
3. 高度标志（障碍）灯包括烟囱标志灯、高塔标志灯、高层建筑屋顶障碍指示灯等。
4. 装饰灯包括吊式艺术装饰灯、吸顶式艺术装饰灯、荧光艺术装饰灯、几何型组合艺术装饰灯、标志灯、诱导装饰灯、水下（上）艺术装饰灯、点光源艺术灯、歌舞厅灯具、草坪灯具等。
5. 医疗专用灯包括病房指示灯、病房暗脚灯、紫外线杀菌灯、无影灯等。
6. 中杆灯是指安装在高度小于或等于19m的灯杆上的照明器具。
7. 高杆灯是指安装在高度大于19m的灯杆上的照明器具。

D.13 附属工程

附属工程工程量清单项目设置、项目特征描述的内容、计量单位及工程量计算规则，应按表 D.13 的规定执行。

附属工程（编码：030413）   表 D.13

项目编码	项目名称	项目特征	计量单位	工程量计算规则	工作内容
030413001	铁构件	1. 名称 2. 材质 3. 规格	kg	按设计图示尺寸以质量计算	1. 制作 2. 安装 3. 补刷（喷）油漆
030413002	凿（压）槽	1. 名称 2. 规格 3. 类型 4. 填充(恢复)方式 5. 混凝土标准	m	按设计图示尺寸以长度计算	1. 开槽 2. 恢复处理
030413003	打洞（孔）	1. 名称 2. 规格 3. 类型 4. 填充(恢复)方式 5. 混凝土标准	个	按设计图示数量计算	1. 开孔、洞 2. 恢复处理
030413004	管道包封	1. 名称 2. 规格 3. 混凝土强度等级	m	按设计图示长度计算	1. 灌注 2. 养护
030413005	人（手）孔砌筑	1. 名称 2. 规格 3. 类型	个	按设计图示数量计算	砌筑
030413006	人（手）孔防水	1. 名称 2. 类型 3. 规格 4. 防水材质及做法	m²	按设计图示防水面积计算	防水

注：铁构件适用于电气工程的各种支架、铁构件的制作安装。

D.14 电气调整试验

电气调整试验工程量清单项目设置、项目特征描述的内容、计量单位及工程量计算规则，应按表 D.14 的规定执行。

电气调整试验（编码：030414） 表 D.14

项目编码	项目名称	项目特征	计量单位	工程量计算规则	工作内容
040414001	电力变压器系统	1. 名称 2. 型号 3. 容量(kV·A)	系统	按设计图示系统计算	系统调试
030414002	送配电装置系统	1. 名称 2. 型号 3. 电压等级(kV) 4. 类型			
030414003	特殊保护装置	1. 名称 2. 类型	台(套)	按设计图示数量计算	调试
030414004	自动投入装置		系统（台、套）		
030414005	中央信号装置	1. 名称 2. 类型	系统（台）		
030414006	事故照明切换装置		系统	按设计图示系统计算	
030414007	不间断电源	1. 名称 2. 类型 3. 容量	系统	按设计图示系统计算	
030414008	母线	1. 名称 2. 电压等级(kV)	段	按设计图示数量计算	
030414009	避雷器		组		
030414010	电容器		组		
030414011	接地装置	1. 名称 2. 类别	1. 系统 2. 组	1. 以系统计量，按设计图示系统计算 2. 以组计量，按设计图示数量计算	接地电阻测试
030414012	电抗器、消弧线圈		台	按设计图示数量计算	调试
030414013	电除尘器	1. 名称 2. 型号 3. 规格	组		
030414014	硅整流设备、可控硅整流装置	1. 名称 2. 类别 3. 电压(V) 4. 电流(A)	系统	按设计图示系统计算	

续表

项目编码	项目名称	项目特征	计量单位	工程量计算规则	工作内容
030414015	电缆试验	1. 名称 2. 电压等级(kV)	次 (根、点)	按设计图示数量计算	试验

注：1. 功率大于 10kW 电动机及发电机的启动调试用的蒸汽、电力和其他动力能源消耗及变压器空载试运转的电力消耗及设备需烘干处理应说明。

2. 配合机械设备及其他工艺的单体试车,应按本规范附录 N 措施项目相关项目编码列项。

3. 计算机系统调试应按本规范附录 F 自动化控制仪表安装工程相关项目编码列项。

D.15 相关问题及说明

D.15.1 电气设备安装工程适用于 10kV 以下变配电设备及线路的安装工程、车间动力电气设备及电气照明、防雷及接地装置安装、配管配线、电气调试等。

D.15.2 挖土、填土工程,应按现行国家标准《房屋建筑与装饰工程工程量计算规范》GB 50854 相关项目编码列项。

D.15.3 开挖路面,应按现行国家标准《市政工程工程量计算规范》GB 50857 相关项目编码列项。

D.15.4 过梁、墙、楼板的钢（塑料）套管,应按本规范附录 K 采暖、给排水、燃气工程相关项目编码列项。

D.15.5 除锈、刷漆（补刷漆除外）、保护层安装,应按本规范附录 M 刷油、防腐蚀、绝热工程相关项目编码列项。

D.15.6 由国家或地方检测验收部门进行的检测验收应按本规范附录 N 措施项目编码列项。

D.15.7 本附录中的预留长度及附加长度见表 D.15.7-1～表 D.15.7-8。

软母线安装预留长度（单位：m/根）　　　　　表 D.15.7-1

项目	耐张	跳线	引下线、设备连接线
预留长度	2.5	0.8	0.6

硬母线配置安装预留长度（单位：m/根）　　　表 D.15.7-2

序号	项目	预留长度	说明
1	带形、槽形母线终端	0.3	从最后一个支持点算起
2	带形、槽形母线与分支线连接	0.5	分支线预留
3	带形母线与设备连接	0.5	从设备端子接口算起
4	多片重型母线与设备连接	1.0	从设备端子接口算起
5	槽形母线与设备连接	0.5	从设备端子接口算起

盘、箱、柜的外部进出线预留长度（单位：m/根）　　　表 D.15.7-3

序号	项目	预留长度	说明
1	各种箱、柜、盘、板、盒	高＋宽	盘面尺寸
2	单独安装的铁壳开关、自动开关、刀开关、启动器、箱式电阻器、变阻器	0.5	从安装对象中心算起
3	继电器、控制开关、信号灯、按钮、熔断器等小电器	0.3	从安装对象中心算起
4	分支接头	0.2	分支线预留

滑触线安装预留长度（单位：m/根）　　　表 D.15.7-4

序号	项目	预留长度	说明
1	圆钢、铜母线与设备连接	0.2	从设备接线端子接口算起
2	圆钢、铜滑触线终端	0.5	从最后一个固定点算起
3	角钢滑触线终端	1.0	从最后一个支持点算起
4	扁钢滑触线终端	1.3	从最后一个固定点算起
5	扁钢母线分支	0.5	分支线预留
6	扁钢母线与设备连接	0.5	从设备接线端子接口算起
7	轻轨滑触线终端	0.8	从最后一个支持点算起
8	安全节能及其他滑触线终端	0.5	从最后一个固定点算起

电缆敷设预留及附加长度　　　表 D.15.7-5

序号	项目	预留（附加）长度	说明
1	电缆敷设弛度、波形弯度、交叉	2.5%	按电缆全长计算
2	电缆进入建筑物	2.0m	规范规定最小值
3	电缆进入沟内或吊架时引上（下）预留	1.5m	规范规定最小值
4	变电所进线、出线	1.5m	规范规定最小值
5	电力电缆终端头	1.5m	检修余量最小值

序号	项目	预留（附加）长度	说明
6	电缆中间接头盒	两端各留 2.0m	检修余量最小值
7	电缆进控制、保护屏及模拟盘、配电箱等	高＋宽	按盘面尺寸
8	高压开关柜及低压配电盘、箱	2.0m	盘下进出线
9	电缆至电动机	0.5m	从电动机接线盒算起
10	厂用变压器	3.0m	从地坪算起
11	电缆绕过梁柱等增加长度	按实计算	按被绕物的断面情况计算增加长度
12	电梯电缆与电缆架固定点	每处 0.5m	规范规定最小值

接地母线、引下线、避雷网附加长度（单位：m） 表 D.15.7-6

项目	附加长度	说明
接地母线、引下线、避雷网附加长度	3.9%	按接地母线、引下线、避雷网全长计算

架空导线预留长度（单位：m/根） 表 D.15.7-7

项目		预留长度
高压	转角	2.5
	分支、终端	2.0
低压	分支、终端	0.5
	交叉跳线转角	1.5
与设备连线		0.5
进户线		2.5

配线进入箱、柜、板的预留长度（单位：m/根） 表 D.15.7-8

序号	项目	预留长度（m）	说明
1	各种开关箱、柜、板	高＋宽	盘面尺寸
2	单独安装（无箱、盘）的铁壳开关、闸刀开关、启动器、线槽进出线盒等	0.3	从安装对象中心算起
3	由地面管子出口引至动力接线箱	1.0	从管口计算
4	电源与管内导线连接（管内穿线与软、硬母线接点）	1.5	从管口计算
5	出户线	1.5	从管口计算

附录 3

《通用安装工程工程量计算规范》
GB 50856—2013
附录K 给排水、采暖、燃气工程

K.1 给排水、采暖、燃气管道

给排水、采暖、燃气管道工程量清单项目设置、项目特征描述的内容、计量单位及工程量计算规则，应按表 K.1 的规定执行。

给排水、采暖、燃气管道（编码：031001）　　　表 K.1

项目编码	项目名称	项目特征	计量单位	工程量计算规则	工作内容
031001001	镀锌钢管	1. 安装部位 2. 介质 3. 规格、压力等级 4. 连接形式 5. 压力试验及吹、洗设计要求 6. 警示带形式	m	按设计图示管道中心线以长度计算	1. 管道安装 2. 管件制作、安装 3. 压力试验 4. 吹扫、冲洗 5. 警示带铺设
031001002	钢管				
031001003	不锈钢管				
031001004	铜管				
031001005	铸铁管	1. 安装部位 2. 介质 3. 材质、规格 4. 连接形式 5. 接口材料 6. 压力试验及吹、洗设计要求 7. 警示带形式			1. 管道安装 2. 管件安装 3. 压力试验 4. 吹扫、冲洗 5. 警示带铺设
031001006	塑料管	1. 安装部位 2. 介质 3. 材质、规格 4. 连接形式 5. 阻火圈设计要求 6. 压力试验及吹、洗设计要求 7. 警示带形式			1. 管道安装 2. 管件安装 3. 塑料卡固定 4. 阻火圈安装 5. 压力试验 6. 吹扫、冲洗 7. 警示带铺设
031001007	复合管	1. 安装部位 2. 介质 3. 材质、规格 4. 连接形式 5. 压力试验及吹、洗设计要求 6. 警示带形式			1. 管道安装 2. 管件安装 3. 塑料卡固定 4. 压力试验 5. 吹扫、冲洗 6. 警示带铺设
031001008	直埋式预制保温管	1. 埋设深度 2. 介质 3. 管道材质、规格 4. 连接形式 5. 接口保温材料 6. 压力试验及吹、洗设计要求 7. 警示带形式			1. 管道安装 2. 管件安装 3. 接口保温 4. 压力试验 5. 吹扫、冲洗 6. 警示带铺设

续表

项目编码	项目名称	项目特征	计量单位	工程量计算规则	工作内容
031001009	承插陶瓷缸瓦管	1. 埋设深度 2. 规格 3. 接口方式及材料 4. 压力试验及吹、洗设计要求 5. 警示带形式	m	按设计图示管道中心线以长度计算	1. 管道安装 2. 管件安装 3. 压力试验 4. 吹扫、冲洗 5. 警示带铺设
031001010	承插水泥管				
031001011	室外管道碰头	1. 介质 2. 碰头形式 3. 材质、规格 4. 连接形式 5. 防腐、绝热设计要求	处	按设计图示以处计算	1. 挖填工作坑或暖气沟拆除及修复 2. 碰头 3. 接口处防腐 4. 接口处绝热及保护层

注:1. 安装部位,指管道安装在室内、室外。
　2. 输送介质包括给水、排水、中水、雨水、热媒体、燃气、空调水等。
　3. 方形补偿器制作安装应含在管道安装综合单价中。
　4. 铸铁管安装适用于承插铸铁管、球墨铸铁管、柔性抗震铸铁管等。
　5. 塑料管安装适用于 UPVC、PVC、PP-C、PP-R、PE、PB 管等塑料管材。
　6. 复合管安装适用于钢塑复合管、铝塑复合管、钢骨架复合管等复合型管道安装。
　7. 直埋保温管包括直埋保温管件安装及接口保温。
　8. 排水管道安装包括立管检查口、透气帽。
　9. 室外管道碰头:
　　1)适用于新建或扩建工程热源、水源、气源管道与原(旧)有管道碰头;
　　2)室外管道碰头包括挖工作坑、土方回填或暖气沟局部拆除及修复;
　　3)带介质管道碰头包括开关闸、临时放水管线铺设等费用;
　　4)热源管道碰头每处包括供、回水两个接口;
　　5)碰头形式指带介质碰头、不带介质碰头。
　10. 管道工程量计算不扣除阀门、管件(包括减压器、疏水器、水表、伸缩器等组成安装)及附属构筑物所占长度;方形补偿器以其所占长度列入管道安装工程量。
　11. 压力试验按设计要求描述试验方法,如水压试验、气压试验、泄漏性试验、闭水试验、通球试验、真空试验等。
　12. 吹、洗按设计要求描述吹扫、冲洗方法,如水冲洗、消毒冲洗、空气吹扫等。

K. 2　支架及其他

支架及其他工程量清单项目设置、项目特征描述的内容、计量单位及工程量计算规则,应按表 K. 2 的规定执行。

支架及其他（编码：031002）   表 K. 2

项目编码	项目名称	项目特征	计量单位	工程量:计算规则	工作内容
031002001	管道支架	1. 材质 2. 管架形式	1. kg 2. 套	1. 以千克计量,按设计图示质量计算 2. 以套计量,按设计图示数量计算	1. 制作 2. 安装
031002002	设备支架	1. 材质 2. 形式			
031002003	套管	1. 名称、类型 2. 材质 3. 规格 4. 填料材质	个	按设计图示数量计算	1. 制作 2. 安装 3. 除锈、刷油

注:1. 单件支架质量100kg 以上的管道支吊架执行设备支吊架制作安装。
   2. 成品支架安装执行相应管道支架或设备支架项目,不再计取制作费,支架本身价值含在综合单价中。
   3. 套管制作安装,适用于穿基础、墙、楼板等部位的防水套管、填料套管、无填料套管及防火套管等,应分别列项。

K. 3 管 道 附 件

管道附件工程量清单项目设置、项目特征描述的内容、计量单位及工程量计算规则，应按表 K.3 的规定执行。

管道附件（编码：031003）   表 K.3

项目编码	项目名称	项目特征	计量单位	工程量计算规则	工作内容
031003001	螺纹阀门	1. 类型 2. 材质 3. 规格、压力等级 4. 连接形式 5. 焊接方法	个	按设计图示数量计算	1. 安装 2. 电气接线 3. 调试
031003002	螺纹法兰阀门				
031003003	焊接法兰阀门				
031003004	带短管甲乙阀门	1. 材质 2. 规格、压力等级 3. 连接形式 4. 接口方式及材质			

项目编码	项目名称	项目特征	计量单位	工程量计算规则	工作内容
031003005	塑料阀门	1. 规格 2. 连接形式	个	按设计图示数量计算	1. 安装 2. 调试
031003006	减压器	1. 材质 2. 规格、压力等级 3. 连接形式 4. 附件配置	组		组装
031003007	疏水器				
031003008	除污器 (过滤器)	1. 材质 2. 规格、压力等级 3. 连接形式			安装
031003009	补偿器	1. 类型 2. 材质 3. 规格、压力等级 4. 连接形式	个		
031003010	软接头 (软管)	1. 材质 2. 规格 3. 连接形式	个 (组)		
031003011	法兰	1. 材质 2. 规格、压力等级 3. 连接形式	副 (片)		
031003012	倒流防止器	1. 材质 2. 型号、规格 3. 连接形式	套		
031003013	水表	1. 安装部位(室内外) 2. 型号、规格 3. 连接形式 4. 附件配置	组 (个)		组装
031003014	热量表	1. 类型 2. 型号、规格 3. 连接形式	块		
031003015	塑料排水管消声器	1. 规格 2. 连接形式	个		安装
031003016	浮标液面计		组		
031003017	浮漂 水位标尺	1. 用途 2. 规格	套		

注:1. 法兰阀门安装包括法兰连接,不得另计。阀门安装如仅为一侧法兰连接时,应在项目特征中描述。
2. 塑料阀门连接形式需注明热熔连接、粘接、热风焊接等方式。
3. 减压器规格按高压侧管道规格描述。
4. 减压器、疏水器、倒流防止器等项目包括组成与安装工作内容,项目特征应根据设计要求描述附件配置情况,或根据××图集或××施工图做法描述。

K.4 卫生器具

卫生器具工程量清单项目设置、项目特征描述的内容、计量单位及工程量计算规则，应按表K.4的规定执行。

卫生器具（编码：031004）   表 K.4

项目编码	项目名称	项目特征	计量单位	工程量计算规则	工作内容
031004001	浴缸	1. 材质 2. 规格、类型 3. 组装形式 4. 附件名称、数量	组	按设计图示数量计算	1. 器具安装 2. 附件安装
031004002	净身盆				
031004003	洗脸盆				
031004004	洗涤盆				
031004005	化验盆				
031004006	大便器				
031004007	小便器				
031004008	其他成品卫生器具				
031004009	烘手器	1. 材质 2. 型号、规格	个		安装
031004010	淋浴器	1. 材质、规格 2. 组装形式 3. 附件名称、数量	套		1. 器具安装 2. 附件安装
031004011	淋浴间				
031004012	桑拿浴房				
031004013	大、小便槽自动冲洗水箱	1. 材质、类型 2. 规格 3. 水箱配件 4. 支架形式及做法 5. 器具及支架除锈、刷油设计要求			1. 制作 2. 安装 3. 支架制作、安装 4. 除锈、刷油
031004014	给、排水附（配）件	1. 材质 2. 型号、规格 3. 安装方式	个（组）		安装

项目编码	项目名称	项目特征	计量单位	工程量计算规则	工作内容
031004015	小便槽冲洗管	1. 材质 2. 规格	m	按设计图标长度计算	1. 制作 2. 安装
031004016	蒸汽一水加热器	1. 类型 2. 型号、规格 3. 安装方式	套	按设计图示数量计算	1. 制作 2. 安装
031004017	冷热水混合器				
031004018	饮水器				
031004019	隔油器	1. 类型 2. 型号、规格 3. 安装部位			安装

注：1. 成品卫生器具项目中的附件安装，主要指给水附件，包括水嘴、阀门、喷头等，排水配件包括存水弯、排水栓、下水口等以及配备的连接管。
2. 浴缸支座和浴缸周边的砌砖、瓷砖粘贴，应按现行国家标准《房屋建筑与装饰工程工程量计算规范》GB 50854 相关项目编码列项；功能性浴缸不含电机接线和调试，应按本规范附录 D 电气设备安装工程相关项目编码列项。
3. 洗脸盆适用于洗脸盆、洗发盆、洗手盆安装。
4. 器具安装中若采用混凝土或砖基础，应按现行国家标准《房屋建筑与装饰工程工程量计算规范》GB 50854 相关项目编码列项。
5. 给、排水附（配）件是指独立安装的水嘴、地漏、地面扫出口等。

K.5 供暖器具

供暖器具工程量清单项目设置、项目特征描述的内容、计量单位及工程量计算规则，应按表 K.5 的规定执行。

供暖器具（编码：031005） 表 K.5

项目编码	项目名称	项目特征	计量单位	工程量计算规则	工作内容
031005001	铸铁散热器	1. 型号、规格 2. 安装方式 3. 托架形式 4. 器具、托架除锈、刷油设计要求	片(组)	按设计图示数量计算	1. 组对、安装 2. 水压试验 3. 托架制作、安装 4. 除锈、刷油
031005002	钢制散热器	1. 结构形式 2. 型号、规格 3. 安装方式 4. 托架刷油设计要求	组(片)		1. 安装 2. 托架安装 3. 托架刷油
031005003	其他成品散热器	1. 材质、类型 2. 型号、规格 3. 托架刷油设计要求			

续表

项目编码	项目名称	项目特征	计量单位	工程量计算规则	工作内容
031005004	光排管散热器	1. 材质、类型 2. 型号、规格 3. 托架形式及做法 4. 器具、托架除锈、刷油设计要求	m	按设计图示排管长度计算	1. 制作、安装 2. 水压试验 3. 除锈、刷油
031005005	暖风机	1. 质量 2. 型号、规格 3. 安装方式	台	按设计图示数量计算	安装
031005006	地板辐射采暖	1. 保温层材质、厚度 2. 钢丝网设计要求 3. 管道材质、规格 4. 压力试验及吹扫设计要求	1. m² 2. m	1. 以平方米计量,按设计图示采暖房间净面积计算 2. 以米计量,按设计图示管道长度计算	1. 保温层及钢丝网铺设 2. 管道排布、绑扎、固定 3. 与分集水器连接 4. 水压试验、冲洗 5. 配合地面浇筑
031005007	热媒集配装置	1. 材质 2. 规格 3. 附件名称、规格、数量	台	按设计图示数量计算	1. 制作 2. 安装 3. 附件安装
031005008	集气罐	1. 材质 2. 规格	个		1. 制作 2. 安装

注:1. 铸铁散热器,包括拉条制作安装。
2. 钢制散热器结构形式,包括钢制闭式、板式、壁板式、扁管式及柱式散热器等,应分别列项计算。
3. 光排管散热器,包括联管制作安装。
4. 地板辐射采暖,包括与分集水器连接和配合地面浇筑用工。

K.6 采暖、给排水设备

采暖、给排水设备工程量清单项目设置、项目特征描述的内容、计量单位及工程量计算规则,应按表 K.6 的规定执行。

采暖、给排水设备(编码:031006) 表 K.6

项目编码	项目名称	项目特征	计量单位	工程量计算规则	工作内容
031006001	变频给水设备	1. 设备名称 2. 型号、规格 3. 水泵主要技术参数 4. 附件名称、规格、数量 5. 减震装置形式	套	按设计图示数量计算	1. 设备安装 2. 附件安装 3. 调试 4. 减震装置制作、安装
031006002	稳压给水设备				
031006003	无负压给水设备				

项目编码	项目名称	项目特征	计量单位	工程量计算规则	工作内容
031006004	气压罐	1. 型号、规格 2. 安装方式	台	按设计图示数量计算	1. 安装 2. 调试
031006005	太阳能集热装置	1. 型号、规格 2. 安装方式 3. 附件名称、规格、数量	套		1. 安装 2. 附件安装
031006006	地源(水源、气源)热泵机组	1. 型号、规格 2. 安装方式 3. 减震装置形式	组		1. 安装 2. 减震装置制作、安装
031006007	除砂器	1. 型号、规格 2. 安装方式	台		安装
031006008	水处理器				
031006009	超声波灭藻设备	1. 类型 2. 型号、规格			
031006010	水质净化器				
031006011	紫外线杀菌设备	1. 名称 2. 规格			
031006012	热水器、开水炉	1. 能源种类 2. 型号、容积 3. 安装方式			1. 安装 2. 附件安装
031006013	消毒器、消毒锅	1. 类型 2. 型号、规格			安装
031006014	直饮水设备	1. 名称 2. 规格	套		安装
031006015	水箱	1. 材质、类型 2. 型号、规格	台		1. 制作 2. 安装

注:1. 变频给水设备、稳压给水设备、无负压给水设备安装,说明:
　　1)压力容器包括气压罐、稳压罐、无负压罐;
　　2)水泵包括主泵及备用泵,应注明数量;
　　3)附件包括给水装置中配备的阀门、仪表、软接头,应注明数量,含设备、附件之间管路连接;
　　4)泵组底座安装,不包括基础砌(浇)筑,应按现行国家标准《房屋建筑与装饰工程工程量计算规范》GB 50854 相关项目编码列项;
　　5)控制柜安装及电气接线、调试应按本规范附录 D 电气设备安装工程相关项目编码列项。
　　2. 地源热泵机组,接管以及接管上的阀门、软接头、减震装置和基础另行计算,应按相关项目编码列项。

K.7　燃气器具及其他

燃气器具及其他工程量清单项目设置、项目特征描述的内容、计量单位及工程量计算规则，应按表 K.7 的规定执行。

燃气器具及其他（编码：031007）　　表 K.7

项目编码	项目名称	项目特征	计量单位	工程量计算规则	工作内容
031007001	燃气开水炉	1. 型号、容量 2. 安装方式 3. 附件型号、规格	台	按设计图示数量计算	1. 安装 2. 附件安装
031007002	燃气采暖炉				
031007003	燃气沸水器、消毒器	1. 类型 2. 型号、容量 3. 安装方式 4. 附件型号、规格			
031007004	燃气热水器				
031007005	燃气表	1. 类型 2. 型号、规格 3. 连接方式 4. 托架设计要求	块（台）		1. 安装 2. 托架制作、安装
031007006	燃气灶具	1. 用途 2. 类型 3. 型号、规格 4. 安装方式 5. 附件型号、规格	台		1. 安装 2. 附件安装
031007007	气嘴	1. 单嘴、双嘴 2. 材质 3. 型号、规格 4. 连接形式	个		安装
031007008	调压器	1. 类型 2. 型号、规格 3. 安装方式	台		
031007009	燃气抽水缸	1. 材质 2. 规格 3. 连接形式	个		
031007010	燃气管道调长器	1. 规格 2. 压力等级 3. 连接形式			
031007011	调压箱、调压装置	1. 类型 2. 型号、规格 3. 安装部位	台		
031007012	引入口砌筑	1. 砌筑形式、材质 2. 保温、保护材料设计要求	处		1. 保温（保护）台砌筑 2. 填充保温（保护）材料

注：1. 沸水器、消毒器适用于容积式沸水器、自动沸水器、燃气消毒器等。
2. 燃气灶具适用于人工煤气灶具、液化石油气灶具、天然气燃气灶具等，用途应描述民用或公用，类型应描述所采用气源。
3. 调压箱、调压装置安装部位应区分室内、室外。
4. 引入口砌筑形式，应注明地上、地下。

K.8 医疗气体设备及附件

医疗气体设备及附件工程量清单项目设置、项目特征描述的内容、计量单位及工程量计算规则，应按表 K.8 的规定执行。

医疗气体设备及附件（编码：031008）　　　　表 K.8

项目编码	项目名称	项目特征	计量单位	工程量计算规则	工作内容
031008001	制氧机	1. 型号、规格 2. 安装方式	台	按设计图示数量计算	1. 安装 2. 调试
031008002	液氧罐				
031008003	二级稳压箱				
031008004	气体汇流排		组		
031008005	集污罐		个		安装
031008006	刷手池	1. 材质、规格 2. 附件材质、规格	组		1. 器具安装 2. 附件安装
031008007	医用真空罐	1. 型号、规格 2. 安装方式 3. 附件材质、规格	台		1. 本体安装 2. 附件安装 3. 调试
031008008	气水分离器	1. 规格 2. 型号			安装
031008009	干燥机	1. 规格 2. 安装方式			1. 安装 2. 调试
031008010	储气罐				
031008011	空气过滤器		个		
031008012	集水器		台		
031008013	医疗设备带	1. 材质 2. 规格	m		
031008014	气体终端	1. 名称 2. 气体种类	个	按设计图示数量计算	

注：1. 气体汇流排适用于氧气、二氧化碳、氮气、一氧化二氮、氩气、压缩空气等医用气体汇流排安装。
　　2. 空气过滤器适用于医用气体预过滤器、精过滤器、超精过滤器等安装。

K.9　采暖、空调水工程系统调试

采暖、空调水工程系统调试工程量清单项目设置、项目特征描述的内容、计量单位及工程量计算规则，应按表 K.9 的规定执行。

采暖、空调水工程系统调试（编码：031009）　　　表 K.9

项目编码	项目名称	项目特征	计量单位	工程量计算规则	工程内容
031009001	采暖工程系统调试	1. 系统形式 2. 采暖（空调水）管道工程量	系统	按采暖工程系统计算	系统调试
031009002	空调水工程系统调试			按空调水工程系统计算	

注：1. 由采暖管道、阀门及供暖器具组成采暖工程系统。
　　2. 由空调水管道、阀门及冷水机组成空调水工程系统。
　　3. 当采暖工程系统、空调水工程系统中管道工程量发生变化时，系统调试费用应作相应调整。

K.10　相关问题及说明

K.10.1　管道界限的划分。

　　1　给水管道室内外界限划分：以建筑物外墙皮 1.5m 为界，入口处设阀门者以阀门为界。

　　2　排水管道室内外界限划分：以出户第一个排水检查井为界。

　　3　采暖管道室内外界限划分：以建筑物外墙皮 1.5m 为界，入口处设阀门者以阀门为界。

　　4　燃气管道室内外界限划分：地下引入室内的管道以室内第一个阀门为界，地上引入室内的管道以墙外三通为界。

K.10.2　管道热处理、无损探伤，应按本规范附录 H 工业管道工程相关项目编码列项。

K.10.3　医疗气体管道及附件，应按本规范附录 H 工业管道工程相关项目编码列项。

K.10.4　管道、设备及支架除锈、刷油、保温除注明者外，应按本规范附录M刷油、防腐蚀、绝热工程相关项目编码列项。

K.10.5　凿槽（沟）、打洞项目，应按本规范附录D电气设备安装工程相关项目编码列项。